轻松掌握 **3D** 打印系列丛书

3D 打印建模·打印·上色
实现与技巧——UG 篇

宋 闯 周 游 编著

U0224868

机械工业出版社

本书共6章，第1章介绍了3D打印基础知识；第2章介绍了3D打印文件知识；第3章以很多建模师和工业设计师都熟悉的UG软件为例，进行了UG软件建模的讲解；第4章介绍了桌面级3D打印机的结构及功能；第5章介绍了正式打印操作知识；第6章介绍了3D打印模型后期处理。附录提供3D打印行业信息和打印机常见的故障排除和维护。同时提供模型文件及案例成品制作全过程视频光盘。

本书适用于关注3D打印发展和希望对整个3D打印流程有所了解的读者，也适用于高校和中职院校的师生，还适合工厂技术人员了解3D打印的综合知识。

图书在版编目（CIP）数据

3D打印建模·打印·上色实现与技巧．UG篇/宋闯，周游编著．—北京：机械工业出版社，2017.8（2021.10重印）

（轻松掌握3D打印系列丛书）

ISBN 978-7-111-57704-1

Ⅰ．①3⋯ Ⅱ．①宋⋯ ②周⋯ Ⅲ．①立体印刷—印刷术—基本知识 Ⅳ．①TS853

中国版本图书馆CIP数据核字（2017）第195480号

机械工业出版社（北京市百万庄大街22号 邮政编码100037）

策划编辑：周国萍　　　 责任编辑：范成欣
责任校对：郑　婕　　　 封面设计：鞠　杨
责任印制：单爱军

北京虎彩文化传播有限公司印刷

2021年10月第1版第3次印刷

169mm×239mm·14印张·261千字

3 501—4 000册

标准书号：ISBN 978-7-111-57704-1
　　　　　 ISBN 978-7-88709-960-0（光盘）

定价：69.00元（1DVD）

凡购本书，如有缺页、倒页、脱页，由本社发行部调换

电话服务　　　　　　　　　　 网络服务
服务咨询热线：010-88361066　 机工官网：www.cmpbook.com
读者购书热线：010-68326294　 机工官博：weibo.com/cmp1952
　　　　　　　 010-88379203　 金书网：www.golden-book.com
封面无防伪标均为盗版 　　　 教育服务网：www.cmpedu.com

序

世纪末的美国，20 世纪 80 年代得到了进一步发展与不断改进，3D 打印技术发展出了立体光固化成型技术，熔融沉积快速成型技术（FDM 工艺），选择性激光三维喷涂粘结成型技术（3DP 工艺），薄材叠层制造成型技术等多种快速成型产品的技术和工艺。

3D 打印技术是现代科技的前沿技术，近年来在我国得到了快速发展。例如，运用选择性激光烧结技术、熔融沉积快速成型技术的 3D 打印技术，无须机械加工和任何模具，就可以从计算机图形数据中直接生成各种零件，节省了生产成本与研发时间，大幅提高了生产效率。3D 打印技术在航空航天、机械零件、个性化产品定制、医学器官、珠宝模具、时尚用品等多个领域都得到了最广泛的应用，已经渗透到人们生活的各个方面。与此同时，3D 打印技术正在颠覆人们传统的设计思想和设计理念。

随着 3D 打印技术概念的不断深入推广和材料设备的不断更新，3D 打印技术的应用领域将不断扩大，3D 打印技术必将成为引领又一次工业革新的关键技术。

《3D 打印建模·打印·上色实现与技巧——UG 篇》向广大读者展示了 3D 打印技术的发展过程，作者运用由浅入深的写作方法，从人们的衣、食、住、用、行入手，简单介绍了 3D 打印技术的基本原理及其在工业、建筑、医学等各个代表领域的应用，扼要地介绍了 3D 打印机的结构原理与操作方法，通过实例详细介绍了 3D 打印建模软件 UG 的三维建模技巧与方法，同时介绍了 3D 模型的后续处理与上色方法等。难能可贵的是，作者实事求是地介绍了 3D 打印技术的优点和目前存在的缺陷，并结合当前形势，介绍了 3D 打印技术对创新的推动和创客运动。该书是一部全面宣传 3D 打印技术的书籍，它既可以作为传播 3D 打印知识的科普读物，也可以作为 3D 打印技术爱好者、初学者的专业培训教材。

我愿意在此向广大读者隆重推荐本书！希望该书的出版为 3D 打印技术的传播助推动力，为 3D 打印技术的爱好者、初学者奠定知识基础，为设计师开启智慧之门，为广大创客的创新创业开辟成功之路，为"大众创业，万众创新"提供"星火燎原"的火种！

卢升萍

辽宁巨子实业股份有限公司董事长

"盖恩星云创客空间"创始人

辽宁省 3D 打印行业协会会长

前　言

3D 打印技术不仅在"高、精、尖"制造行业里得到了广泛的应用，还有更多的应用实例走进了人们的日常生活，但笔者更关注 3D 打印所带来的创意和创造性的解放。3D 打印不仅是创客用于开发新产品的工具，而且还是冲破人类想象力和创造力束缚的"马良神笔"。这里有必要提出一个新的概念：创造性智商，区别于财商、情商等，简称"创商"。有了"创造性智商"，不仅可以突破传统思维，而且可以引领时代，是人们在世界变局中制胜的法宝。当今是创业创新最好的时代，突破和创新已经成为常态，"万众创新，大众创业"已成为国家大力倡导的理念。因此，我们有必要去了解 3D 打印技术，了解 3D 打印技术到底能给我们带来什么样的好处，以及如何操作和使用这种新的工具。

本书共 6 章：

第 1 章为 3D 打印的基础知识，从 3D 打印与人们的衣食住用行讲起，让读者从日常生活方面了解 3D 打印的应用，对 3D 打印的历史进行了梳理，让读者了解 3D 打印的发展历史，以及 3D 打印的原理和技术优势，对于市场上主流的 3D 打印技术也做了介绍，最后结合开篇，列举了一些行业里应用的 3D 打印机。

第 2 章介绍了 3D 打印的模型文件格式，总结了一些常见的 3D 打印模型获取方式，如网上直接下载、照片建模、在线网页建模、扫描建模等。

第 3 章以很多建模师和工业设计师都熟悉的 UG 软件为例，进行了 UG 软件建模的讲解。UG 软件广泛应用于通用机械、航空航天、汽车工业、医疗器械等领域，很多人都有相关的经验和基础，容易上手。

第 4 章详细介绍了市面上常见的三角洲 3D 打印机的发展史，三角洲 3D 打印机的功能、3D 打印机液晶显示屏菜单。

第 5 章介绍了 3D 打印机实际操作，让没接触过 3D 打印机的读者有直观的认识，掌握一些基本的技巧。

第 6 章为 3D 打印模型后期处理，对打印后的模型修整和上色提出了一整套的方案。本章的最后，以手机外壳为例，让大家了解整个建模、3D 打印和上色后整理的流程，对 3D 打印模型制作过程有系统和清晰的认识。

本书附录为国内一些 3D 打印机厂家和 3D 打印网站的信息，以及 3D 打印模型故障排除和 3D 打印机维护。

本书第 3 章 UG 软件建模文字和视频讲解由周游完成。第 1 章、第 2 章、第 4～6 章和附录部分，3D 打印流程的视频和后期上色视频均由大连木每三维打印有限公司完成。在 3D 打印过程中，每个模型的打印时间长达几个小时，为了让大家了解流程，只截取关键部分演示。打磨过程和上色过程也做演示打磨，用最实用的方法上色。实际上，3D打印模型需要经过耐心、细致的打磨，如果准备更多的专业工具，则上色效果会更好。

为了让大家有现场操作的即视感和直观体验，本书附带光盘内容如下：

1）UG建模之后导出的STL模型（个性化VIP钥匙牌、香皂盒、儿童表盘、手机外壳、个性化手机托架、压力容器，共6个），有3D打印机的读者可正常打印。

2）UG建模视频（6个），总计时长近160min。

3）3D打印机打印模型过程视频，时长近18min。

4）3D打印模型后期整理视频，时长近34min。

在本书的编写过程中得到了各方面的支持，首先要感谢机械工业出版社对我公司的信任，将编辑3D打印专业书籍的重任委托给我们，与我公司传播和推动3D打印的理念不谋而合；感谢大连理工大学MBA谭晓梅在查找3D打印资料中所给予的帮助；感谢沈阳盖恩科技提供的三角洲3D打印机作为演示，以利于3D打印操作的录制；感谢公司艺术总监在录制模型上色部分的认真操作；感谢公司技术培训总监在3D打印切片软件部分的详细讲解。更为重要的是，在大连创业服务中心的指导下，成立了大连3D打印创业服务平台，我们公司可以更顺利地进行3D打印的推广和培训工作，对国家的创业扶持政策和大连人社局以及大连创业服务中心的各位领导表示最衷心的感谢。

3D打印值得读者的学习和投入，同时公司3D打印培训平台www.mdnb.cn将为读者提供更多实用的3D打印知识和一些设备信息，期待您加入3D打印的神奇世界！

由于编者水平有限，书中错误之处在所难免，恳请广大读者批评指正。

宋闯
大连3D打印创业服务平台
大连木每三维打印有限公司

微信号：dl3dda

目　　录

序
前言
第1章　3D打印基础知识 1
　1.1　3D打印与人们的衣食住用行 1
　　1.1.1　3D打印与服装 1
　　1.1.2　3D打印与食品 2
　　1.1.3　3D打印与建筑 3
　　1.1.4　3D打印与家庭应用 4
　　1.1.5　3D打印与交通出行 4
　1.2　3D打印发展大事记 5
　　1.2.1　20世纪80年代3D打印技术的发展 5
　　1.2.2　20世纪90年代3D打印技术的发展 5
　　1.2.3　21世纪初3D打印技术的发展 6
　1.3　3D打印的原理 8
　1.4　3D打印技术的优点和现阶段的缺陷 8
　　1.4.1　3D打印技术的优点 8
　　1.4.2　3D打印技术现阶段的缺陷 10
　1.5　3D打印与创新 11
　　1.5.1　3D打印机与创客运动 11
　　1.5.2　开源3D打印机 12
　1.6　3D打印机的主要技术类型 13
　　1.6.1　熔融沉积快速成型技术（FDM） 13
　　1.6.2　立体光固化成型技术（SLA、DLP、CLIP） 13
　　1.6.3　选择性激光烧结技术（SLS、SHS、SLM） 15
　　1.6.4　三维喷涂粘结成型技术（3DP） 16
　　1.6.5　薄材叠层制造成型技术（LOM） 16
　　1.6.6　电子束熔融技术（EBM） 16
　1.7　3D打印机在各行业的应用（超级3D打印机） 17
　　1.7.1　食品3D打印机 17
　　1.7.2　建筑3D打印机 18
　　1.7.3　服装3D打印机 19
　　1.7.4　金属3D打印机 19

1.7.5 纸张 3D 打印机 21
1.7.6 陶瓷 3D 打印机 21
1.7.7 生物医疗 3D 打印机 22
1.7.8 教育用 3D 打印机 23

第 2 章　3D 打印文件（三维模型数据文件） 25
2.1 3D 打印流程 25
2.2 3D 打印文件（三维模型数据文件） 25
2.3 三维模型数据文件的获取方式 26
2.3.1 模型网站直接下载 26
2.3.2 照片建模 27
2.3.3 在线网页建模 29
2.3.4 3D 扫描 31
2.3.5 专业三维建模软件 34

第 3 章　UG 软件 3D 打印建模实例 36
3.1 UG 界面的基本介绍 36
3.2 UG 建模常用命令的基本操作 39
3.3 UG 软件三维建模实例及 3D 打印 STL 格式的导出 50
3.3.1 个性化手机托架建模过程 50
3.3.2 个性化 VIP 钥匙牌建模过程 60
3.3.3 海洋之心香皂盒建模过程 77
3.3.4 手机外壳三维模型建模过程 94
3.3.5 创意表盘三维模型建模过程 114
3.3.6 工业模型——压力容器三维模型的建模过程 129

第 4 章　桌面级 3D 打印机的结构及功能 149
4.1 桌面级 3D 打印机与工业级 3D 打印机的区别 149
4.2 三角洲 3D 打印机 150
4.2.1 三角洲 3D 打印机的发展史 150
4.2.2 三角洲 3D 打印机的功能 151
4.2.3 3D 打印机液晶显示屏菜单 153

第 5 章　3D 打印机实际操作 157
5.1 3D 打印材料 157
5.1.1 3D 打印材料的分类 157
5.1.2 3D 打印材料的基本要求 157
5.1.3 常见 3D 打印材料 158

　　　5.1.4　FDM 原理 3D 打印机常用打印材料 ·· 160

　　　5.1.5　多材料混合打印将成为趋势 ··· 164

　　5.2　3D 打印机软件设置 ·· 165

　　　5.2.1　通用切片软件 Cura 参数设置详解 ·· 165

　　　5.2.2　切片软件 Cura 模型调整窗口详解 ·· 176

　　5.3　3D 打印机的操作流程 ··· 180

　　　5.3.1　3D 打印机平台校正 ··· 180

　　　5.3.2　铺美纹纸 ··· 182

　　　5.3.3　退料、进料和更换打印材料 ··· 182

　　　5.3.4　3D 打印实例流程—— 手机支架 ·· 185

第 6 章　3D 打印模型后期处理 ··· 188

　　6.1　手办和 3D 打印模型 ·· 188

　　　6.1.1　手办的知识 ·· 188

　　　6.1.2　3D 打印模型 ··· 189

　　6.2　3D 打印模型初步整理 ··· 189

　　　6.2.1　取下模型 ··· 189

　　　6.2.2　支撑去除 ··· 190

　　　6.2.3　模型修复 ··· 191

　　6.3　3D 打印模型表面修整 ··· 193

　　　6.3.1　打磨抛光 ··· 193

　　　6.3.2　珠光处理 ··· 195

　　　6.3.3　化学方法抛光 ·· 195

　　6.4　3D 打印模型上色技巧 ··· 196

　　　6.4.1　涂装基础工具 ·· 196

　　　6.4.2　上色方法 ··· 198

　　　6.4.3　上色后的打磨和清理 ·· 201

　　6.5　3D 打印模型建模、打印、上色后整理实例 ·· 201

附录 ··· 206

　　附录 A　国内外部分 3D 打印模型下载链接 ·· 206

　　附录 B　国内主要 3D 打印行业网站/论坛 ·· 207

　　附录 C　国内主要 3D 打印厂家 ·· 208

　　附录 D　3D 打印模型故障排除和 3D 打印机维护 ······································ 211

参考文献 ·· 213

第 1 章　3D 打印基础知识

1.1　3D 打印与人们的衣食住用行

3D 打印技术诞生于 20 世纪 80 年代。从历史上看，3D 打印技术（快速成型技术）的核心思想最早起源于 19 世纪的照相雕塑（Photocsculpture）技术和地貌成型（Topography）技术。由于近几年来互联网和创客运动的推动，使得 3D 打印的"软件核心"——"数字模型"得以高速发展，再加上劳动生产力进步和技术的革新，使得 3D 打印机的成本不断下降，3D 打印的"硬件基础"已经成熟，这项有着 30 多年历史的神奇技术终于变得易用和大众化。

3D 打印走进人们的生活，首先改变的是与人们息息相关的"衣、食、住、用、行"。

1.1.1　3D 打印与服装

在服装设计中，3D 打印技术可以被用在那些漂亮且独具功能的部分。自从 2010 年，荷兰设计师伊里斯·凡·赫本在阿姆斯特丹时装周上首度发表 3D 打印服装之后，3D 打印的服装就开始不断涌现。

以色列申卡尔设计与工程学院学生 Danit Peleg 设计了一系列 3D 打印的服装，将科技与艺术完美地结合在了一起。模特穿上用网状打印材质制成的全套服装走秀，只在透视装中加了内衬，整个制作过程花费了超过 2000h 的时间，需要使用软件打印出 A4 纸大小的材料（见图 1-1），设计师用胶水把各块材料粘在一起，代替了传统的针线缝合。

2013 年，具有"缪斯女神"之称的蒂塔·万提斯在曼哈顿出席一个私人走秀活动时身着一身尼龙网格礼服。礼服设计师 Scott 认为，3D 打印技术对时尚市场有着极大的影响潜力，是一个将手工业与时装设计相结合的契机，一旦 3D 打印机能够满足时装制作的所有要求，人们只需要站在房间里进行 3D 扫描，一件衣服就做成了。

礼服设计师首先利用万提斯的三维扫描尺寸设计出一个 3D 模型，再根据草图，用 Maya（玛雅）软件画出图样，运用 Rhino（犀牛）软件将 2633 个独立的环或线相连接，由 EOS P350 激光 3D 打印机打印的 17 个部分手工拼接而成的 3D 打印尼龙网格礼服，如图 1-2 所示。

图 1-1 设计师用家用 3D 打印机打印服装

图 1-2 3D 打印尼龙网格礼服

在 2013/2014 高级女装秋冬时装秀场上，荷兰 80 后年轻设计师艾里斯·范·荷本展现了一组运用3D打印和激光切割等高新技术设计制作的作品。

2015 年年初，来自荷兰的时装设计师 Irisvan Herpen 在巴黎时装周上发布了她的 2015 春/夏时装系列，以成年（Grown）为主题展示了她的 3D 打印服装及配饰—— 磁力运动系列时装。图 1-3 所示为荷兰设计师设计的 3D 打印服装。

图 1-3 荷兰设计师设计的 3D 打印服装

3D 打印与新材料、计算机的结合，给服装带来了新的吸引力和神秘感，也给时装界带来了无缝成衣的可能。在未来的 5 到 10 年，或更短的时间里，设计师们不必再为选择服装材料而头疼，也不必再斟酌一件衣服需要用何种剪裁方式，他们只需尽情地将自己的设计想法通过计算机画出来，选择所需面料，之后将制作服装的任务交给一台 3D 打印机即可。

1.1.2 3D 打印与食品

在食品加工业，3D 打印技术悄然带来了一场变革，改变着人们对加工食品的看法，颠覆着传统餐饮业。不久的将来，人们吃的肉类甚至都可以用 3D 技术进行打印。

李嘉诚基金会旗下的维港投资向美国纽约科技公司 ModernMeadow 投入 1000 万美元，用于研发培植细胞，用 3D 打印制造皮革、牛肉等技术。Modern Meadow

公司能够通过 3D 打印技术在实验室里培养出猪肉、牛肉等畜肉以及真皮皮革。该公司 CEO 曾表示，公司存储并用于"酿造"皮革和畜肉的细胞是通过小型活组织切片获得的，这不会伤害或杀死动物，这样不仅能够满足人类对于动物蛋白质的需求，还很环保。美国宾夕法尼亚大学一位研究员介绍，利用糖、蛋白质、脂肪、肌肉细胞等原材料打印出的肉具有和真正的肉类相似的口感和纹理，做成的鲜肉特别有弹性，而且烹饪后肉质松散有嚼头，丝毫不逊于真正的肉，含有真正肉类所含的营养元素。如图 1-4 所示，Modern Meadow 公司的 CEO 在发布会上试吃这种 3D 打印人造肉。

图 1-4　3D 打印人造肉

美食和 3D 打印科技的结合，使食物焕发出另一番风采。虽然做一盘麻辣豆腐还是有点困难，但是能"做菜"的 3D 打印机却已经实实在在地出现在人们面前了。

1.1.3　3D 打印与建筑

3D 打印在建筑业方面最直接的应用为沙盘模型。为更好地表达设计意图和展示房屋结构，建筑模型是必不可少的，而 3D 打印建筑模型更直观、更立体，可以表达更复杂的结构。

3D 打印技术还可以直接应用在房屋的建造上面。3D 打印房屋的概念是在 2012 年 10 月 3D 打印展上提出的，最早并非采用固体墙壁建造，而是在骨骼基础上建造纤维尼龙结构。它被命名为"打印房屋 2.0"。2013 年 2 月，英国伦敦 Softkill Design 建筑设计工作室建立了一个 3D 打印房屋概念，概念中借助传统的建造技术，用尼龙搭扣或者像纽扣一样的扣合件起到固定作用。

自从 3D 打印房屋概念提出之后，全球的建筑师团队开始向这个梦想迈进。建筑师根据计算机绘制的方案，先操作 3D 打印机使用不同的塑料和木质纤维来制造建筑外墙，然后是天花板和房间的其他部分，之后是房屋的家具，最后像乐高玩具那样把不同部件进行装配。

2014 年 4 月，国内首批 3D 打印建筑亮相上海张江高新青浦园区，这 10 幢外表有着纹理的房子，并非由工人一砖一瓦砌出来的，而是由 3D 打印机打印出来的。这些打印的建筑墙面是用建筑垃圾制成的特殊的"油墨"。这里的油墨是由沙石改良的水泥以及玻璃纤维制成的一种新型的石材。图 1-5 所示为上海的 3D 打印房屋。

图 1-5　上海 3D 打印房屋

1.1.4 3D 打印与家庭应用

3D 打印机在日常家庭生活中也开始被应用。例如，家里的电器旋钮坏了，而生产商没有相应的配件，甚至根本找不到生产商，这时 3D 打印机可派上用场。只需要在网上下载一个或者自己设计喜欢的旋钮的模型导入 3D 打印机，然后把模型打印成实物即可。

3D 打印机可以打印任何想要的东西，如个性化的眼镜框、圣诞装饰品、礼品、智能手机壳等。

在孩子的成长过程中，父母经常为买什么样的玩具而烦恼。而 3D 打印玩具，可以给孩子独一无二的选择。传统的玩具孩子玩久了，清洗困难、不卫生。有些玩具有尖锐的棱角或者玩具材料本身有害，不利于孩子的健康。这些问题在 3D 打印玩具面前全部迎刃而解。3D 打印玩具采用环保材料打印，而且打印出来的产品表面均匀、细腻。玩具整体较轻，孩子可以轻易拿动，父母想清洗或者消毒也非常方便。图 1-6 所示为中望全球设计大赛中获奖的，来自新加坡的 IT 工程师 Tan 的作品——火车玩具。Tan 表示，这个就是专门为自己孩子设计的。

图 1-6 3D 打印火车玩具

1.1.5 3D 打印与交通出行

3D 打印技术已经影响到了大众出行的交通行业。3D 打印汽车是指应用 3D 立体打印技术生产的汽车，既耐用又环保时尚。2013 年 2 月，世界首款 3D 打印汽车 Urbee 2 面世。它是一款混合动力汽车，绝大多数零部件来自 3D 打印，如图 1-7 所示。

在一些汽车企业里，3D 扫描、3D 打印已经应用在前瞻的研发环节，大幅加快了新车开发。例如，通用汽车前瞻技术科

图 1-7 世界首款 3D 打印汽车

研中心每年需要制作大量概念车，过去制作一台概念车需要几个人花几个月才

能完成，现在概念车的制作利用 3D 技术打造，只要完成 3D 打印文件的设计，传输到 3D 打印机进行打印即可，一两天内就可以看到非常精确的实体。

　　一旦 3D 打印技术大量使用，在汽车生产环节，传统制作模具的方式就可以被完全替代，生产周期和成本有望大幅下降。在新车量产前，开发大量模具耗时、费钱，而如果利用 3D 打印制作模具，则可以使汽车制造工艺做到又快又好。

　　有了 3D 打印技术，汽车企业也可以考虑客户的个性化需求。例如，消费者希望新车门把手与众不同，这样的需求对于普通的工厂是不可能满足的，因为制作一个新把手就要开个新模具，其成本较高。如果能够利用 3D 打印技术，就可以节省大量的成本。

1.2　3D 打印发展大事记

1.2.1　20 世纪 80 年代 3D 打印技术的发展

　　1984 年——查尔斯·赫尔发明将数字文件打印成三维立体模型的技术。

　　1986 年——查尔斯·赫尔命名他发明的技术为立体光固化成型技术（Stereo Lithography Appearance，SLA），并以此获得了专利。

　　1986 年——查尔斯·赫尔成立 3D Systems 公司，并开发了第一个商用 3D 打印机。它被称为立体光固化成型设备。

　　1986 年——美国 Texas 大学的研究生 C. Deckard 提出了选择性激光烧结技术（Selective Laser Sintering，SLS）。

　　1988 年——3D Systems 公司开发了 SLA—250 型商业打印机，这是第一个面向公众的打印机版本。

　　1988 年——斯科特·克伦普发明了熔融沉积快速成型技术（Fused Deposition Modeling，FDM）。

　　1989 年——美国麻省理工学院 E.M.Sachs 申请了 3DP（Three-Dimensional Printing）专利。该专利是非成型材料微滴喷射成型范畴的核心专利之一。

　　1989 年——美国德克萨斯大学（Texas）奥斯汀分校的 C.R. Dechard 研制成功了选择性激光烧结技术（SLS），稍后组建了 DTM 公司。

　　1989 年——斯科特·克伦普成立了 Stratasys 公司。

　　1989 年——Hans J. Langer 博士创立了 EOS 公司（EOS GmbH Electro Optical Systems），总部位于德国慕尼黑。

1.2.2　20 世纪 90 年代 3D 打印技术的发展

　　1991——美国 Helisys 公司售出第一台薄材叠层制造快速成型（Laminated

Object Manufacturing，LOM）系统。

1992——美国 Stratasys 公司售出首台基于 FDM 技术的"三维建模"机器。

1992 年——DTM 公司售出首台选择性激光烧结（SLS）系统基于 SLS 的商业成型机（Sinter station）。

1993 年——Solidscape 成立，它生产能打印表面光滑的小型零件的喷墨打印机，但打印速度相对较慢。Solidscape 的热塑料喷墨打印技术（Drop-on-Demand，DoD）用于复杂的湿蜡熔模。

1993——麻省理工学院（MIT）获得"三维打印技术"专利。

1995 年——Z Corporation 获得了麻省理工学院独家授权，并开始开发基于 3DP 技术的打印机。

1996——Stratasys 公司推出了"Genisys"。

1996 年——Z Corporation 推出了"Z402"。

1996 年——3D Systems 公司推出了"ACTUA 2100"。

1997 年——EOS 公司将它的立体光固化成型业务出售给 3D Systems 公司，但 EOS 仍然是欧洲最大的生产商。

1998 年——以色列 Object 公司成立。

1.2.3　21 世纪初 3D 打印技术的发展

2005 年——Z Corp.推出了 Spectrum Z510（市场上第一台高清彩色 3D 打印机）。

2006 年——Reprap 的开源项目启动，开发了一种能自我复制的 3D 打印机。

2008 年——Objet Geometries 公司发布了业界最新的技术 PolyJet Matrix（全球首例可以实现不同模型材料同时喷射的技术）。

2008 年——第一个基于 Reprap 的"达尔文"3D 打印机面世。它可以打印自身所需部件的约 50%。

2008——Objet Geometries 公司推出其革命性的 Connex500^{TM} 快速成型系统。它是有史以来第一台能够同时使用几种不同的打印原料的 3D 打印机。

2009 年 ——MakerBot 公司成立，公司设在美国的布鲁克林。

2009 年 ——我国王华明团队利用激光快速成型技术制造出我国自主研发的大型客机 C919 的主风挡窗框。

2009 年——Reprap 2.0 版"孟德尔"完成。

2010 年 5 月——澳大利亚 Invetech 公司和美国 Organovo 公司携手研制出全球首台商业化 3D 生物打印机。

2010 年 8 月——Reprap 3.0 版"赫胥黎"被正式命名。

2011 年 1 月——美国康奈尔大学的研究人员开始建立食物 3D 打印机。

2011 年 1 月——荷兰 3D 打印机制造商 Ultimaker 将打印速度提升到了

300mm/s，喷头移动速度达到 350mm/s。

2011 年 11 月——3D Systems 公司成功收购了多色喷墨 3D 打印技术的领导者 Z Corporation 三维快速成型机公司。

2012 年 1 月——MakerBot 推出最新个人 3D 打印机 Replicator。

2012 年 4 月——Stratasys 公司宣布与 Objet 公司合并。

2012 年 5 月——3D Systems 推出世界首款开箱即用 3D 打印机 Cube。

2012 年 9 月——Makerbot 推出首款非开源桌面 3D 打印机 Replicator 2。

2012 年 9 月——麻省理工学院媒体研究室研究出一款新型 3D 打印机——FORM 1。这款 3D 打印机可以制作层厚仅有 25μm 的物体，这比最新的 Replicator 2 打印机还要薄 75%。

2012 年 10 月——Shapeways 在纽约开设第一家实体店。

2012 年 11 月——中国宣布成为世界上唯一掌握大型结构关键件激光成型的国家。

2012 年 12 月——Stratasys 公司宣布最大的喷墨 3D 打印机 Objet 1000 能打印 1m×0.8m×0.5m 的物体。

2012 年 12 月——华中科技大学史玉升科研团队研发出全球最大的"3D 打印机"。该 3D 打印机可加工零件的长宽最大尺寸均达到 1.2m。

2013 年 2 月——世界首款 3D 打印汽车 Urbee 2 面世。它是一款混合动力汽车，绝大多数零部件来自 3D 打印。

2013 年 2 月——德国 Nanoscribe GmbH 公司在美国旧金山某展会上，发布一款迄今为止最高速的纳米级别微型 3D 打印机 Photonic Professional GT。

2013 年 6 月——Stratasys 公司和桌面型 3D 打印领导者 MakerBot 公司合并。

2013 年 6 月——大连理工大学参与研发的世界最大激光 3D 打印机进入调试阶段。

2013 年 8 月——杭州电子科技大学等高校的科学家自主研发出一台生物材料 3D 打印机。

2013 年 11 月——3D Systems 公司完成对法国本土 3D 打印领跑企业 Phenix Systems 公司的收购。

2014 年 11 月——NASA（美国航空航天局）与 Made in Space 合作在国际空间站（ISS）创造了历史。他们成功完成了首次在太空中的三维立体打印作业。

2014 年 12 月——新北方出版社（New North Press）联合伦敦字体设计工作室（A2-Type）和伦敦粉笔工作室（chalk studios）共同运用 3D 打印设计制作了一套 A23D 凸版印刷模块。

2014 年 12 月——荷兰埃因霍温艺术家 Olivier van Herpt 制作完成了一台约 5ft（1ft=0.3048m）高（大约有普通成年人那么高）的 Delta 式 3D 打印机，该打印机能够打印比较大的陶瓷器件。

2014 年 7 月——巴西世界杯足球赛的赞助商之一耐克的设计团队推出世界上首款 3D 打印的 Rebento 粗呢高性能运动包。

2015 年——美国食品与药品管理局（FDA）批准了首个 3D 打印药物——SPRITAM（左乙拉西坦）。

2015 年 4 月——全球领先的 3D 生物打印技术公司 Organovo 在波士顿的实验生物学会议上公布世界上第一个 3D 生物打印全细胞肾组织的数据。

2015 年 10 月——我国 863 计划 3D 打印血管项目取得重大突破，世界首创的 3D 生物血管打印机由四川蓝光英诺生物科技股份有限公司成功研制问世。

1.3　3D 打印的原理

3D 打印技术（3D Printing，三维印刷），是基于"离散/堆积成型"的成型原理，用层层加工的方法将成型材料"堆积"而形成实体零件，也称为快速成型技术（Rapid Prototyping Manufacturing，RPM）。从原理上来说，3D 打印需要通过计算机辅助设计（CAD）或计算机动画建模软件建模，再将建成的三维模型"切片"成逐层的截面数据，并把这些信息传送到 3D 打印机上，3D 打印机会把这些切片堆叠起来，直到一个固态物体成型。

3D 打印与 2D 打印最大的区别就是，3D 打印可以打印出立体的、真实的物体。与盖楼过程一样，3D 打印从地基建起，通过打印材料的层层叠加，最终形成一个完整的立体物品。理论上，塑料、金属、陶瓷、沙子等材料做成粉状物后都可以用作打印的"墨水"。

1.4　3D 打印技术的优点和现阶段的缺陷

1.4.1　3D 打印技术的优点

3D 打印技术已由一种新兴技术逐渐发展成为主流技术，很多企业开始认可并接受该技术带来的生产效益。在市场快速发展的同时，3D 打印正越来越深刻地改变着传统制造业。3D 打印技术的优点如下：

1. 多材料加工，适用范围广

3D 打印技术提高了难加工材料的可加工性，拓展了材料的应用领域，并带动了材料、软件开发等庞大的新兴产业的崛起。随着多材料 3D 打印技术的发展，人们有能力将不同原材料融合在一起，以前无法混合的原料混合后将形成新的材料，这些材料色调、种类繁多，具有独特的属性和功能。

2. 节省材料和成本，有利于环保

3D 打印所采用的增材制造（Additive Manufacturing，AM）技术比传统的减材制造（Subtractive Manufacturing，SM）技术更节省材料，有利于节能环保。同时，3D 打印可以制造出传统制造方法难以胜任的复杂部件。就传统制造而言，物体形状越复杂，制造成本越高。对 3D 打印机而言，制造形状复杂的物品并不比打印一个简单的物体消耗更多的技能或成本。

3. 提高加工效率，降低人力成本，减少库存和运输成本

传统的组装生产线主要依靠熟练工人和机器生产出相同的零部件，然后由机器人或工人组装。产品组成部件越多，组装耗费的时间和成本就越多。而 3D 打印能使部件一体化成型，可以实现无人值守、无线监控，大大节省了人力成本。使用 3D 打印技术，不需要开模具，可使新产品研制的成本下降、周期缩短；可以按需定制，减少了企业的实物库存。如果人们所需的物品按需就近生产，则可以最大限度地减少长途运输的成本。

4. 概念迅速实现，产品形状不受限制

传统制造技术和工匠制造的产品形状有限，制造形状的能力受制于所使用的工具。3D 打印机可以突破这些局限，"打印"的产品无缝连接一体成型，不受产品结构和形状的限制。任何复杂的造型和结构，只要有计算机 CAD 数据，就可以打印完成，这样就给产品的个性化、定制化提供了可能性。

5. 操作简单，不需复杂技能

只要有 3D 打印的模型文件，按动开始按键，3D 打印机就会自动执行。不再需要传统的刀具、夹具、机床或任何模具，无论是否受过专业的计算机和机床操作训练，工人的操作失误因素被完全避免，为工厂节约了大量的技能培训开销。

6. 缩短产品研发周期

3D 打印能在数小时内成型，它让设计人员和开发人员实现了从平面图到实体的飞跃。它可以自动、快速、直接和精确地将计算机中的设计转化为模型，甚至直接制造零件或模具，从而有效缩短产品研发周期。通过 3D 打印快速打印试错，迅速发现设计上的错误并将错误修正在大批量生产之前，节省了传统的错误模具重新铸造的过程。

7. 三维数据远程无损传输

3D 打印的文件是一种数据格式，和可复制的视频和音频文件相似。因此，利用扫描技术和 3D 打印技术，可以扫描、编辑和复制实体对象，创建精确的数据文件，并利用互联网进行远程传输。例如，扫描了十二生肖的铜首，将文件传送到世界上的任何一个角落，利用 3D 打印机就可以打印出一模一样的样品，如图 1-8 所示。

图 1-8　铜首的 3D 打印

8. 设备的修复和复原

如果设备发生损坏，维修时缺少相关零件，则可以利用打印机来打印快速替代的零件进行修复。例如，棘齿扳手等工具在国际空间站被 3D 打印出来，3D 打印机被作为人类前往火星计划的一部分，其在空间站的使用让人类自由遨游太空成为可能。图 1-9 所示为太空中的 3D 打印机。

图 1-9　太空中的 3D 打印机

有些人会使用 3D 打印来复原产品，如用于老式车的复原。创建这些产品需要使用工业级别的昂贵打印机，但 3D 打印机的价钱要比工程师重建那些老式零件所需要的花费便宜很多。

1.4.2　3D 打印技术现阶段的缺陷

3D 打印技术作为一项先进的技术，暂时的市场规模却比较有限。2013 年，全球 3D 打印市场规模约 40 亿美元，较 2012 年翻了一番，尚不如一家大型互联网上市公司的市值。目前设计环节的应用占 3D 打印市场的 80%以上。而在大规模生产方面，3D 打印则被认为缺乏优势。

1）打印材料的限制：仔细观察周围的一些物品和设备，就会发现 3D 打印的第一个绊脚石是打印材料的限制。虽然高端工业打印可以实现塑料、某些金属或者陶瓷打印，但目前实现打印的材料都是比较昂贵和稀缺的，材料是 3D 打印的一大障碍。

2）打印速度和精度的限制：目前的 3D 打印技术在重建物体的几何形状和机能上已经有了突破，几乎任何静态的形状都可以被打印出来，但是打印时间长、速度慢的问题制约着 3D 打印的发展。在商店买一个烟灰缸，只需几分钟，十几块钱。而如果打印一个定制的烟灰缸需要几个小时，时间成本就过于高昂。3D 打印技术想要进入普通家庭，每个人都能随意打印想要的东西，那么机器打印时间的限制就必须得到解决。

3）知识产权保护的问题：3D 打印技术的特点会涉及知识产权这一问题，因为现实中的很多东西都会得到更加广泛的传播，人们可以随意复制任何东西，并且数量不限。如何制定 3D 打印的法律法规来保护知识产权，也是人们面临的问题之一，否则就会出现假冒和赝品泛滥的现象。

4）价格因素：目前市场上普通的 3D 打印机都要几千块钱。如果打印质量较好的模型，则需要高价的工业级 3D 打印机，而工业级 3D 打印机成本较高。因此，若想普及 3D 打印机，则必须要降低价格，让 3D 打印机像计算机一样进入寻常百姓家。

5）想象力的限制：一切头脑中的想象都能通过 3D 打印机成为现实中的物体，因此 3D 打印机发展最大的限制来源于想象力的制约。作为一种技术，真正要在工业生产以及社会发展上发挥作用，关键是需要大量具有创新意识的人才。只有大量的创意发明，才能真正发挥 3D 打印技术的功效，而这正是 3D 打印目前面临的短板之一。

1.5　3D 打印与创新

1.5.1　3D 打印机与创客运动

创客（Maker）是指一群动手能力强、创意无限的人群。这群人致力于软件和硬件技术的开源。当代创客随着互联网和数字制造技术的不断发展有了一些新的变革性特征：创客们使用数字桌面工具设计新产品并制作出模型样品（"数字 DIY"）；在开源社区中分享设计成果、进行合作；创客们可以通过 3D 建模软件设计通用的文件，然后将设计传给商业制造服务商，以任何数量和规模制造出产品。

1. 硬件开源

3D 打印机发展到今天，让 3D 打印机逐渐普及和价格降低的因素有很多，如 3D 建模软件的改进、配件的标准化、媒体和民众关注等。3D 打印机采用的开源硬件 Arduino 是其价格迅速下降的主要原因。开源硬件 Arduino 是一款由 5 个国际工程师研发的电子原型平台。该平台包括一块具备简单 I/O 功效的电路板以及一套程序开发环境。它为 3D 打印机提供了一个便宜而又强大的方案，加上其他开源技术的配合，使创客们不断研发和改进新的 3D 打印机，让 3D 打印机的生产门槛越来越低。

2. 创客无国界创意分享

创客社团以互联网为依托，向全世界分享创意成果，好玩、新鲜、有趣的产品被通过 3D 打印机或者其他工具不断开发。开发经验和源文件也被无偿分享，在此基础上，更多的人进行改进和分享。

3D 打印机就在创客运动的轰轰烈烈开展中，得到了更大范围的推广。

1.5.2 开源 3D 打印机

开源 3D 打印 Reprap 项目由英国巴斯大学高级讲师阿里德安（Adrian Bowyer）博士创建于 2005 年。他把安装过程和文件通过开源的方式分享出来，而且由于 Reprap 可以打印出大部分的自身（塑料）部件，因此 Reprap 3D 打印机被称为可以自我复制的 3D 打印机。

图 1-10　达尔文 3D 打印机

Reprap 的开源 3D 打印机经过多年的发展，现在已经开发出几个主要版本。按照主分支来说，第一代产品称为 Darwin（达尔文），如图 1-10 所示。第二代产品称为 Mendel（孟德尔），如图 1-11 所示。Reprap 开源计划从一开始就是奔着"自复制"这一目标前进的。这也为 Reprap 开源桌面级 3D 打印机博采众长，充分吸收各种良好的设计，进而广泛应用打下了很好的基础。第三代产品叫作 Huxley（赫胥黎），如图 1-12 所示。很可惜，第三代产品并没有得到非常广泛的认可，反而是 Mendel 的一个派生产品。Prusa Mendel 由于其更简单稳定的设计，变成了影响力最大的第三代产品。这款机器被设计出来之后，又进行了几次迭代，目前最新的版本是 Iteration 3（迭代 3），通常的叫法是 Prusa i3。这款机器是国内很多 DIY 爱好者的首选，结构简单，零件容易买到。

图 1-11　孟德尔 3D 打印机

图 1-12　赫胥黎 3D 打印机

国内一些爱好者甚至一些厂家的打印机都由 Reprap 开源项目演变而来。关于更详细的组装 3D 打印机内容详见机械工业出版社书籍《3D 打印机轻松 DIY》。

1.6　3D 打印机的主要技术类型

1.6.1　熔融沉积快速成型技术（FDM）

熔融沉积快速成型（Fused Deposition Modeling，FDM）的基本原理如下：熔融沉积是将丝状的热熔性材料加热熔化，通过一个带有微细喷嘴的喷头挤喷出来。加热喷头在打印文件的控制下，根据产品零件的截面轮廓信息，作 X-Y 平面运动，热塑性丝状材料由供丝机构送至热熔喷头，并在喷头中加热和熔化成半液态，然后被挤压出来，有选择性地涂覆在工作台上，快速冷却后形成一层大约 0.025～0.762mm 厚的薄片轮廓。一层截面成型完成后，工作台下降一定高度（或平台不变，打印头提升一定高度），再进行下一层的熔覆，好像一层层"画出"截面轮廓，如此循环，最终形成三维的产品零件。FDM 工艺使用的原材料为热塑性材料，如 ABS（Acrylonitrile Butadiene Styrene，丙烯晴、丁二烯和苯乙烯的共聚物）、PC（Polycarbonate，聚碳酸酯）、PLA（Polylactice Aciel，生物降解塑料聚乳酸）等丝状材料。

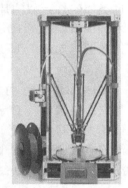

FDM 是目前 3D 打印机使用较广的技术，基于 FDM 技术的机型在中国甚至世界 3D 打印机市场占有较大的比例。FDM 市场上的机型以框架结构（X，Y，Z 平台结构）和三角洲悬臂结构居多。本书以三角洲悬臂结构 3D 打印机为例介绍打印过程，如图 1-13 所示。

图 1-13　三角洲悬臂结构 3D 打印机

1.6.2　立体光固化成型技术（SLA、DLP、CLIP）

1. SLA

SLA（Stereo Lithography Apperance，立体光固化成型技术）用特定波长与强度的激光聚焦到光固化材料表面，使之由点到线、由线到面顺序凝固，完成一个层面的绘图作业，然后升降台在垂直方向移动一个层片的高度，再固化另一个层面。这样层层叠加构成一个三维实体。图 1-14 所示为 SLA 3D 打印机。

图 1-14　SLA 3D 打印机

2. DLP

DLP（Digital Light Processing，数字光处理技术）构建部件时，使用高分辨率的数字光处理器（DLP）投影仪来固化液态光聚合物，逐层进行光固化，该流程层层累加，直至彻底将模型构建完成。

DLP 投影式三维打印的优点：利用机器出厂时配备的软件，可以自动生成支撑结构并打印出完美的三维部件。DLP 技术的原理与 SLA 技术相似，机器外形也相似，都是利用感光聚合材料（主要是光敏树脂）在紫外线照射下会快速凝固的特性。不同的是，DLP 技术使用高分辨率的数字光处理器投影仪来投射紫外光，每次投射可成型一个截面，通过类似幻灯片似的片状固化，速度比同类的 SLA 技术快很多。DLP 3D 打印机打印的高精度首饰和零件模型，如图 1-15 所示。

图 1-15　DLP 3D 打印机打印的高精度首饰和零件模型

3. CLIP

2015 年出现的 CLIP（Continuous Liquid Interface Production，持续液态界面生产）技术依赖于特殊的透明透气"窗户"，供光和氧气进入。这些"窗户"类似于大型隐形眼镜。打印机可以控制氧气进入树脂池的总量及时间。进入树脂池的氧气会抑制某部分树脂固化，与此同时，光会固化剩余的液态树脂。树脂池中有氧气的地方会形成几十微米厚的"死水区域"（约为 2～3 个血红细胞的直径），此处无法发生光聚合反应。然后，打印机用紫外线光照使剩余树脂固化，从液体中"生长"出来，如图 1-16 所示。

图 1-16　CLIP 3D 打印技术

CLIP 3D 打印机的特点如下：

1）CLIP 技术更像注塑零件，能保证稳定、可预测的力学性能，外表光滑，内部结实。

2）CLIP 3D 打印机的打印速度比目前市场上的其他光固化技术 3D 打印机的打印速度快 25～100 倍。

1.6.3　选择性激光烧结技术（SLS、SHS、SLM）

1．SLS

SLS（Selective Laser Sintering，选择性激光烧结技术）采用二氧化碳激光器对粉末材料（塑料粉等与粘结剂的混合粉）进行选择性烧结，是一种由离散点一层层堆集成三维实体的快速成型方法。SLS 技术使用的原材料有尼龙、ABS、树脂裹覆砂（覆膜砂）、聚碳酸酯、金属和陶瓷粉末等。图 1-17 所示为开源的 SLS 3D 打印机。

图 1-17　开源的 SLS 3D 打印机

2．SHS

SHS（Selective Heat Sintering，选择性热烧结技术）与 SLS 技术有点类似，只不过它使用的是一个热敏打印头，而非 SLS 3D 打印机中的激光器。粉末床是可加热的，打印时粉末温度控制在较高的范围内，机械扫描头只要对对象区域施加少量的热度，使对象区域的粉末温度稍高于熔融温度，就能使其融化并粘结在一起。SHS 技术可以 3D 打印出壁厚仅为 1mm 的复杂几何对象，如图 1-18 所示。

图 1-18　SHS 技术

3．SLM

SLM（Selective Laser Melting，选择性激光熔化技术）是由 SLS 技术演化而来的，它是一种采用中小功率激光快速完全熔化选区内的金属粉末，快速冷却凝固的技术。与 SLS 技术的区别是，SLM 技术在加工过程中金属粉末完全熔化，经散热冷却后可实现与固体金属冶金焊合成型，因此成品具有密度更高的优势。

1.6.4　三维喷涂粘结成型技术（3DP）

3DP 技术（3DP^{TM}）最早由美国麻省理工学院（MIT）于 1993 年开发。该技术通过使用液态连结体将铺有粉末的各层固化，以创建三维实体原型。基于 3DP 技术，美国 Z Corp 公司开发了 3D 打印成型机。3DP 技术的 3D 打印机使用标准喷墨打印技术，通过将液态连结体铺放在粉末薄层上，逐层创建各部件。与 2D 平面打印机在打印头下送纸不同，3DP 技术的 3D 打印机是在一层粉末的上方移动打印头，打印横截面数据。3DP 技术可以打印彩色，打印成型的样品模型与实际产品具有同样的色彩，可以将彩色分析结果直接描绘在模型上，或者注释并标记设计更改，以便进一步增强模型样品所传递的信息值。3DP 技术使用的材料为粉末材料，如石膏粉末。图 1-19 所示为 3DP 技术 3D 打印机。

图 1-19　3DP 技术 3D 打印机

1.6.5　薄材叠层制造成型技术（LOM）

薄材叠层制造成型技术（Laminated Object Manufacturing，LOM）又称薄形材料选择性切割。它以片材（如纸片、塑料薄膜或复合材料）为原材料，其成型原理是激光切割系统按照计算机提取的横截面轮廓线数据，将背面涂有热熔胶的纸用激光切割出工件的内外轮廓。切割完一层后，送料机构将新的一层纸叠加上去，利用热粘压装置将已切割层粘结在一起，然后再进行切割，这样一层层地切割、粘结，最终成为三维工件。LOM 工艺的常用材料有纸、金属箔、塑料膜、陶瓷膜等。该技术除了可以制造模具、模型外，还可以直接制造结构件或功能件。

1.6.6　电子束熔融技术（EBM）

电子束熔融技术（Electron Beam Melting，EBM）的原理：利用电子束快速扫描成型的熔融区，用金属丝按电子束扫描线步进放置在熔融区上，电子束熔融金属丝形成熔融金属沉积，在惰性气体的隔绝保护或真空状态下，电子束可以处理铝合金、钛合金、镍基高温合金等。电子束熔化成型形成零件的精度有限，它能获得比精密铸造更精确的零件胚形，可以减少约 70%～80% 机械加工的工时及成本。20 世纪 90 年代美国麻省理工学院和普惠联合研发了这一技术，并利用它加工出了大型涡轮盘件。

1.7　3D 打印机在各行业的应用（超级 3D 打印机）

3D 打印在食品、建筑、服装、工业制造、医疗、教育等领域产生了巨大的作用。

1.7.1　食品 3D 打印机

食品 3D 打印机是在 3D 打印技术的基础上发展起来的一种快速成型的食品制造设备。食品 3D 打印机的原理是基于 3D 打印技术，把原料替换为食材，再将 3D 打印机改造成适合食物烹饪的机器。

1. 食品 3D 打印机介绍

食品 3D 打印机一般包括食品 3D 打印系统、操作控制平台和食物胶囊三大部分。将可以食用的打印材料放入食物胶囊里，再将食谱输入机器，按下启动键，喷头就会通过熔聚成型（类似于 FDM）技术，按照预先设计的造型将食材通过层层叠加的方式"打印"出来。3D 食品打印机不仅可以个性化地改变食物的形状，还可以自由搭配、均衡营养。

2. 食品 3D 打印机的操作

首先将食物绞碎、混合、浓缩成浆，灌装到打印机食材储存罐中，然后根据自己的喜好，通过控制面板设计具有个性的造型或者从预存的模型库中挑选自己喜欢的造型，按下启动键，机器便按照程序控制喷头层层喷射"打印"出美食来。

到目前为止，食品 3D 打印机可以成功打印出 30 多种不同的食品，主要有六大类：糖果（巧克力、杏仁糖、口香糖、软糖、果冻）；烘焙食品（饼干、蛋糕、甜点）；零食产品（薯片、可口的小吃）；水果和蔬菜产品（各种水果泥、水果汁、水果果冻或凝胶）；肉制品（不同的肉类品）；奶制品（奶酪或酸奶）。图 1-20 所示为 3D 打印的各种食物。

图 1-20　3D 打印的各种食物

目前巧克力 3D 打印机是所有食品 3D 打印机中发展最为迅速的。最先开发出的食品 3D 打印机就是巧克力 3D 打印机，国内已有很多公司开发了相关的产品。

随着食品 3D 打印技术的逐步发展，食品 3D 打印机可能会在很大程度上改变人类的饮食方式，在食品的制作和用餐空间上（如野外、办公室内，甚至是移动的车体内）带来极大的灵活性，在烹饪方法和食材组合上也会带来革命性的影响，个人可以方便地定义自己的菜谱，来保证美味、营养、健康的平衡。

3. 食品 3D 打印机目前的限制

食品 3D 打印在发展上还有以下几个方面的限制：

1）计算机硬件方面，要能实现较复杂功能智能化 MCU 芯片的设计，以及耐高温电路的规划。

2）打印所需食材的初步加工、运输、存储、包装方面。

3）对适用于 3D 打印的食谱的研究以及食材的硬件实现方面。

4）对适用于 3D 打印烹饪方法的研究，以及烹饪方法的软件实现方面。

4. 未来的食品 3D 打印机

食品 3D 打印机还要经历几个阶段，在商业上的应用（如蛋糕房、餐馆）会在几年之内落地，因为它能满足降低劳动技能和劳动强度的要求，同时也能满足客户的个性化要求。图 1-21 所示为我国研发的煎饼 3D 打印机。

在几年内，供家庭购买的食品 3D 打印机将会出现。到那时，3D 扫描、3D 制图、3D 模型云下载都会非常轻松，学习门槛也

图 1-21　我国研发的煎饼 3D 打印机

大幅降低，食品 3D 打印机的使用将朝傻瓜型方向发展。

1.7.2　建筑 3D 打印机

1. BIM 与 3D 打印

BIM（Building Information Modeling，建筑信息模型）以建筑项目的各项信息数据作为模型的基础，进行建筑模型的建立，通过数字信息仿真模拟建筑物所具有的真实信息。建筑 3D 打印机具有可视化、协调性、模拟性、优化性和可出图性五大特点。3D 打印与 BIM 模式配合，在建筑上如果精确地运用 BIM 系统，可节约费用至少 10%，而节约时间远超 10%。

2. 建筑 3D 打印机介绍

建筑 3D 打印机的外观像巨型的吊车，两边是轨道，而中间的横梁则是"打印头"，横梁可以上下或者前后移动，然后挤压出材料（类似于 FDM 原理），一层一层地将整栋房子打印出来。图 1-22 所示为建筑 3D 打印机示意图。

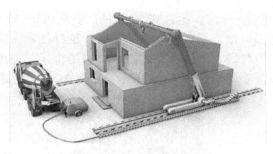

图 1-22　建筑 3D 打印机示意图

　　上海的建筑 3D 打印机在苏州工厂组装而成，其底面占地面积足有一个篮球场那么大，高度足有 3 层楼高，且打印机的长度还可以延伸，完全拉开有 150m 长。3D 打印的房屋是在苏州打印好后搬运到上海的，打印"油墨"是一种经过特殊玻璃纤维强化处理的混凝土材料，其强度和使用年限大大高于钢筋混凝土。墙体可以打印为空心，空心墙体不仅大大减轻了建筑本身的质量，还可以随意填充保温材料，并可任意设计墙体结构，一次性解决墙体的承重结构问题。无论是桥梁、简易工房、剧院，还是宾馆和居民住宅，其建筑体的强度和牢度都符合且高于国家建筑行业标准。

1.7.3　服装 3D 打印机

　　T 台上美轮美奂的 3D 打印服装一般由立体光固化成型技术或选择性激光烧结技术的 3D 打印机制作而成。用服装 3D 打印机打印的服装基本上是定制的，不管身材是胖还是瘦，都可以快速定制出合身的衣服。服装 3D 打印机在我国也有研发，如青岛服装 3D 打印机打印出的套装上衣由两片打印"面料"缝制而成，裙子由打印"面料"缝制而成，用的材料是类似于服装面料的弹性纤维，摸上去稍有些塑料制品的感觉。图 1-23 所示为服装 3D 打印机。

图 1-23　服装 3D 打印机

　　服装 3D 打印机的打印流程为，首先由服装设计师提供衣服样板，然后软件工程师根据衣服样板进行 3D 建模，也就是制作立体样板，之后将数据模型输入软件，3D 打印机接收指令，一件衣服便可以顺利打印出来。

1.7.4　金属 3D 打印机

　　金属 3D 打印机常用于工业领域，一般是 SLS 打印机，借助激光加热把一层层的金属粉末"熔为一体"。金属 3D 打印机广泛应用于制造行业、航空航天、汽车工业等需要坚固耐用、强度要求高的场合。这种技术在珠宝加工厂使用的频率也越来越高。现阶段通过这种技术打印出来的金属部件还存在一些问题，如存在气孔的现象需要解决。图 1-24 所示为金属 3D 打印机打印的金属零件。

图 1-24　金属 3D 打印机打印的金属零件

一直以来，金属 3D 打印技术都难以走向普通民众，而消费级的金属 3D 打印机更是数量稀少，且大都价格昂贵，这对业余爱好者来说更是望尘莫及的事。这样就涌现出了很多创业者努力开发价格亲民的金属 3D 打印机。

早在 2013 年 11 月，美国 Mini Metal Maker 公司就已在 Indiegogo 上发起过一次众筹活动，推出一款名为"Mini Metal Maker"的金属 3D 打印机。这种金属 3D 打印机可使用户更直观地操作机器，甚至可以获得授权来生产这种打印机。

Mini Metal Maker 3D 打印机采用 FDM 打印技术，以金属黏土作为打印材料，当 3D 对象被打印出来后，需再进入陶瓷窑中进行高温（600～900℃）干燥处理，高温烧去黏土中的粘结成分，只留下金属颗粒，使其融合在一起成为一个实体。图 1-25 所示为开源的金属 3D 打印机及打印的金属零件。

图 1-25　开源的金属 3D 打印机及打印的金属零件

金属 3D 打印机还可使用液体金属射流打印（LMJP）技术。机器顶部有一个电熔炉，借助电荷和机器把熔滴"印刷"到机床的特定位置，以逐层堆积的方式把模型打造出来。总体来说，它跟喷墨打印机的原理有点类似。比起普通的单头 3D 打印机，金属 3D 打印机拥有多个喷头，速度要快很多。未来的金属 3D 打印机会支持更多的常见金属，如金、银、铜等。

1.7.5　纸张 3D 打印机

MCOR 公司的 3D 打印机使用纸作为打印的原材料。MCOR 3D 打印机会胶合常见的书本纸，然后用一把刀具一遍又一遍地在"纸块"上把 3D 模型雕刻成产品。近期，MCOR 又推出了新款的 MCOR ARKe，不但能实现全彩打印，而且使用的材料是无毒无害的普通 A4 办公纸，而不是通常的塑料线材。图 1-26 所示为纸张 3D 打印机打印出的全彩模型。

纸张 3D 打印机的原理是，首先采用普通二维喷墨打印机对纸张着色，如爱普生的普通产品，除了轮廓线部分以外，定位用的标记也事先打印在了纸张的四角上。经过喷墨打印机着色的纸张，按照立体模型的最下层到最上层的顺序层叠，以这种状态，在 3D 打印机上设定纸张数量，3D 打印机将纸一张张地运往造型区。此时可参照前面提到的标记进行定位，从而确保轮廓线相对位置的精度。运到造型区的纸张，通过刀具剪断轮廓线，然后涂粘结剂，最后进行粘结、层叠和成型。

使用纸张作为打印原材料的最大优点就是不会造成污染，材料常见，容易替代，不必另外购买塑料类或者树脂类的材料。图 1-27 所示为在全球电子消费展上的纸张 3D 打印机。

图 1-26　纸张 3D 打印机打印出的全彩模型　　　图 1-27　纸张 3D 打印机

1.7.6　陶瓷 3D 打印机

陶瓷 3D 打印机使用黏土或陶瓷粉作为原料，并通过挤出、激光烧结，或者液体粘结剂等方式进行造型固定。通过它打印出来的陶瓷物品拥有上万年的使用寿命。一般的工业陶瓷可用于制造高度耐磨、耐温、抗生化产品。当然，它的价格十分昂贵，暂时还无法进入家庭领域。以下为陶瓷 3D 打印机使用的几种技术：

1. FDM 技术

理论上，FDM 技术可以打印陶瓷和几乎所有类型的糊状材料（如金属糊剂、塑料树脂、混凝土等)。例如,20cm 陶瓷瓶这类造型简单小巧的物品,只需大约 15min 便能完成,当然打印结束后还需进行烘烤使之变成真正的硬陶瓷。图 1-28 所示为 FDM 3D 打印机运用陶土原料打印出的模型。

图 1-28　陶瓷 3D 打印机及打印模型

2. 立体光固化(DLP)技术

立体光固化也是 3D 陶瓷打印的理想技术,DLP 3D 打印机将含有陶瓷粉末的光敏聚合物暴露在 DLP 投影的光源下,通过光来照射混合材料逐层打印,每打印完一层,Z 方向的打印平台会往上升,并开始下一层光照处理。脱脂完成后,再进行烧结。陶瓷 3D 打印的产品采用塑料和陶瓷的混合,与注塑制品类似。在表面质量和产品公差方面,DLP 3D 技术能制造高分辨率的产品,且具有 SLS 技术的优势。

3. 彩色喷印(CJP)技术

CeraJet 是 3D Systems 公司推出的运用 CJP(Color Jet Printing)技术的打印机,是艺术家、设计家或创客都负担得起的陶瓷 3D 打印机。用 CeraJet 进行精密陶瓷物件的高速打印,能将 3D 打印推广到陶艺的世界,但是跟普通的陶制物品一样,CeraJet 打印出来的物品必须得上釉并进窑烧制。

1.7.7　生物医疗 3D 打印机

随着 3D 打印技术的发展和精准化、个性化医疗需求的增长,3D 打印技术在生物医疗行业方面的应用在广度和深度方面都得到了显著发展。在应用的广度方面,从最初的医疗模型快速制造,逐渐发展到 3D 打印直接打印助听器外壳、植入物、复杂手术器械和药品。在深度方面,由 3D 打印没有生命的医疗器械向打印具有生物活性的人工组织、器官的方向发展。

1. 3D 打印医疗验证

3D 打印在说明病情和手术参照预演、手术干预方面的主要应用(如骨科的打印骨骼立体模型)除了外观形状之外,还重现了切断时的质感。通过使内部达到多孔的效果，使用树脂材料可以得到与实际骨骼相同的触感。内脏的立体模型是根据患者的 CT 扫描数据，利用 3D 打印机制作的立体模型。通过使用透明材料，血管、病灶等内部情况清晰可辨，在向患者说明病情和手术参照等用途中会起到很好的效果。

2. 3D 打印在修复性医学方面的主要应用

1）修复性医学中的人体移植器官制造、假牙、骨骼、肢体等。

2）辅助治疗中使用的医疗装置，如齿形矫正器和助听器等。

3）手术和其他治疗过程中使用的辅助装置。

3. 生物打印和器官移植

生物 3D 打印的核心技术是生物砖（Biosynsphere），即一种新型的、精准的具有仿生功能的干细胞培养体系。它用含种子细胞（干细胞、已分化细胞等）、生长因子和营养成分等组成的"生物墨汁"，结合其他材料层层打印出产品，经打印后培育处理，形成有生理功能的组织结构。对于那些需要器官移植的患者来说，3D 打印技术无疑是他们的福音。一方面无须担心不同机体器官之间的排异反应；另一方面相较于人体器官，3D 打印成本非常低。例如，打印一个人体心脏瓣膜只需要 10 美元的高分子材料即可，如图 1-29 所示。

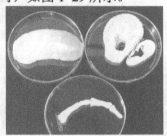

图 1-29 3D 打印器官

例如，我国自主研发的全球首创 3D 生物血管打印机仅 2min 便可打印出 10cm 长的血管，而且可以打印出血管独有的中空结构、多层不同种类细胞，截然不同于使用钛合金、生物陶瓷、高分子聚合物等原材料的工业 3D 打印，血管打印机是打印出含有细胞成分并具有生物学活性的产品。有了这套技术体系，使得器官再造在未来成为可能。

1.7.8 教育用 3D 打印机

传统教育形式对于动手能力的培养相对不足，家庭、学校都需要既清晰直观，又能锻炼动手能力的新兴教学辅助工具。3D 打印技术就是这种新兴的教学辅助工具，集互联网、大数据、云计算等多项新一代技术于一身。该技术进入课堂可以激发学生的创新、动手能力，让学校的课程多元化。3D 打印与各学科结合是校本课程的创新升级。3D 打印技术进入课堂后，学生们只要在老师的指导下，就能够按照自己的想法设计出属于自己的 3D 图形，将图形输入到 3D 打印机中，就可以打印出实物，真正把创意变成现实。

教育用 3D 打印机的特点是小巧，造型容易被学生接受，并且界面"傻瓜式"，学生上手操作容易，具有无线监控，支持手机平板等设备，更容易走进家庭和课堂。

年龄较小的孩子也可以学习 3D 打印技术，那就是 3D 打印笔。3D 打印笔相当于微型的 3D 打印机，用笔来体验 3D 打印的层层堆积原理，了解 3D 打印的相关材料知识，并且培养了空间感和立体思维，为以后 3D 打印建模的学习打下了基础。图 1-30 所示为 3D 打印笔三维作品绘制过程。

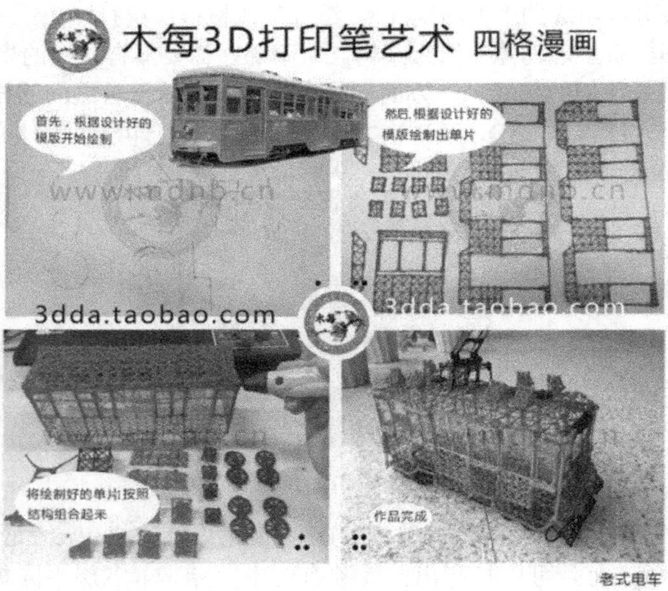

图 1-30　3D 打印笔三维作品绘制过程

第 2 章　3D 打印文件（三维模型数据文件）

2.1　3D 打印流程

3D打印的基本流程包括三维模型数据获取（建模）→数据分区切层（切片）→选用不同材料（选材）→运用不同技术的3D打印机读取文件分层截面信息（选机型）→层层堆叠累加构造出实体模型（打印），如图2-1所示。

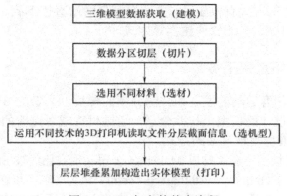

图 2-1　3D 打印的基本流程

2.2　3D 打印文件（三维模型数据文件）

无论多么先进的 3D 打印机，都必须有合适的三维模型数据文件才能进行打印。3D 打印机使用的三维数据文件现阶段基本都是 STL 格式的文件。

STL 是由 3D Systems 公司于 1988 年制定的一种为快速原型制造技术服务的三维图形文件格式。该格式的文件有以下两种类型：文本文件（ASCII 格式）和二进制文件（Binary），ASCII 格式更加通用一些。

STL 文件的表现力较差，只能记录物体的表面形状。因此，即使利用三维建模软件制作了模型，颜色、材料及内部结构等信息在保存为 STL 数据时也会消失，打印时还要重新完善数据。

新的数据格式 AMF 标准基于 XML（Extensible Markup Language，可扩展标记语言）。AMF 的优点是，除计算机处理之外，操作人员也能看懂，可通过增加标签轻松扩展。新标准不仅可以记录单一材质，还可以对不同部位指定不同材质，能分级改变两种材料的比例进行造型。造型物内部的结构用数字公式记录，能够指定在造型物表面打印图像，还可指定在 3D 打印时最为高效的方向。另外，还能记录作者的名字、模型的名称等原始数据。AMF 的数据量比用二进制表现的 STL 要大，但小于用 ASCII 表现的 STL。新标准还打算加入数据加密和数字水印的定义、与组装指示联动、加工顺序、3D 纹理、与 STL 不同的形状表达等信息。此外，有的 3D 打印机支持 OBJ 格式文件，但目前还是以 STL 文件格式为主。

2.3　三维模型数据文件的获取方式

三维模型数据（数字）文件的获取在整个 3D 打印过程中最为关键。获取 3D 打印模型文件的方式有很多种，主要有模型网站直接下载、照片建模、在线网页建模，3D 扫描、专业软件建模等方式。

2.3.1　模型网站直接下载

目前，随着创客运动的发展和开源分享的传播，大量的 3D 打印模型设计师无私地将自己设计的模型上传并分享。通过付费或者免费的方式从互联网获得 3D 打印数据模型是最直接的方式。

1）国外三维模型下载网站以 Makerbot 公司（现在已经被 Stratasys 收购）出品的模型分享网站（http://www.thingiverse.com/）最为著名，现在模型总数已经超过 60 万个。如图 2-2 所示，在网站的搜索框中输入需要查询模型的英文单词即可。

图 2-2　Thingiverse 模型下载网站

2）国内有很多可供 3D 打印机打印的三维模型下载的优秀网站，很多 3D 打印信息网站同时提供免费模型下载，并且将三维模型按照行业的不同直接进行分类，比英文网站查找更加便捷和易于下载，如图 2-3 所示。更多 3D 打印网站地址请参见附录 A 和 B。

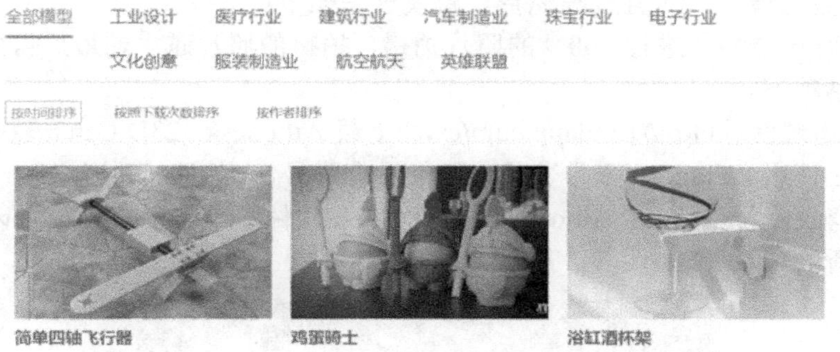

全部模型　　工业设计　　医疗行业　　建筑行业　　汽车制造业　　珠宝行业　　电子行业

文化创意　　服装制造业　　航空航天　　英雄联盟

按照时间排序　　按照下载次数排序　　按作者排序

简单四轴飞行器　　　　　　　鸡蛋骑士　　　　　　　浴缸酒杯架

图 2-3　国内三维模型网站分类查询

2.3.2　照片建模

照片建模技术是指通过照相机等设备对物体进行照片采集，经计算机进行图形图像处理以及三维计算，从而自动生成被拍摄物体的三维模型的技术。照片建模的优点是成本低、时间短、可批量自动化制作、模型较精准。使用傻瓜照相机、手机、高级数码单反相机或无人机拍摄物体、人物或场景，可将数码照片迅速转换为三维模型。

1. 利用相机阵列，多角度拍照建模

相机阵列一般用于人像的三维模型采集，多个相机从各个角度将人体包围，采集之后就可以获得全方位的人体信息，再用专业软件进行合成，就可以得到一个极为逼真的人体模型。该技术不仅可以用于 3D 打印，还可用于虚拟试衣等领域。国内 3D 人像馆应用这种技术制作人像。

如图 2-4 所示，美国摄影师 Jordan Williams 几年前就开设了"Captured Dimensions"影楼，运用 60 台单反相机，360°全包围式拍摄，然后将照片在计算机中进行整合，再输出 3D 打印成模型，所耗时间大约为 30min，而费用则为 445～2295 美元，模型的大小在

图 2-4　60 台单反相机拍摄建模

10cm 左右。

2. 拍照并上传云计算

与上面提到的专业相机阵列不同，最简单的拍照建模方法是利用 Autodesk 公司出品的 123D Catch 软件。从未接触过建模的人都能够使用照片创建一个 3D 打印数据模型，而且过程免费。建模过程如下：

1）对一个物体进行 360°的照片拍摄，拍摄的照片越多，最后得到的数据模型就越精细。

2）通过网址http://123dapp.com/catch下载 Autodesk 123D Catch 软件，安装后打开。使用 Autodesk 账号登录。如果没有账号，则可以直接注册。

3）登录账号以后，在 Autodesk 123D Catch 软件中单击 Create a New Capture （创建新的项目），如图 2-5 所示。

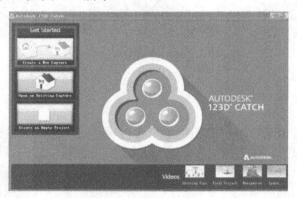

图 2-5　创建新的项目

4）选中模型的所有照片，然后单击打开。注意，Autodesk 123D Catch 是英文版软件，软件安装路径不能用汉字，否则照片上传云计算时会发生错误。

5）通过 Autodesk 123D Catch 软件上传完图片后，单击 Create Project（创建项目），此时在弹出的对话框中输入三维模型的名称等信息，然后单击 Create （创建）。

6）Autodesk 123D Catch 软件将照片转换成三维模型数据文件，可以下载或发送到用户邮箱。

3. 无人机摄影测量技术建模

无人机摄影测量技术（Photogrammetry）即利用无人机在空中拍摄多张照片，采用摄影测量技术将一系列二维图像转换成适合于建模或3D打印的 3D 网格对象。在无人机已经非常普及的今天，拍摄照片并上传进行云计算，可以通过 Autodesk 123D Catch 或无人机公司提供的软件编辑后获得地形地貌、建筑和雕像三维模型。注意，地形地貌航拍三维建模需要相关部门的审批，请勿私自尝试。图 2-6 所示为正在拍摄的多轴旋翼无人机。

图 2-6　正在拍摄的多轴旋翼无人机

国外艺术家利用我国无人机公司生产的无人机，以 25m 的距离为半径，一边环绕耶稣的雕像进行飞行，一边在 3 个不同的高度上拍摄。最终的照片数量为 110 张，总耗时为 10min。经无人机公司的 Altizure 软件编辑后，再使用 Autodesk Memento 软件创建照片的点云，除去多余的景物之后，留下的就是耶稣像的网格 3D 模型，最终可以通过 3D 打印技术打印出来，如图 2-7 所示。

图 2-7　航拍耶稣塑像并 3D 打印

2.3.3　在线网页建模

在线网页建模相比专业软件建模也较为简单，打开浏览器中的建模网页，按照网页上的工具栏进行操作就可以轻松建模，并将数据模型导出。几个代表性的建模网页如下：

1）Tinkercad：是一个使用 WebGL 技术开发的三维网页建模工具，打开链接 https://www.tinkercad.com/可以在浏览器中（有的浏览器版本不支持）创建自己的 3D 模型。Tinkercad 内置多种模型素材，用户可以制作简单的模型。制作完成后，Tinkercad 还支持用户将制作好的模型文件导出，可以导出标准的 STL、OBJ 模型文件格式。除此之外，用户也可以在线保存，不过需要注册账户，同时保存的模型文件也可以分享给其他人。图 2-8 所示为 Tinkercad 网页界面。

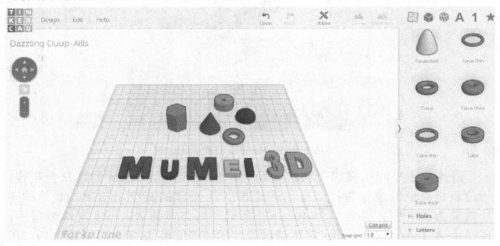

图 2-8　Tinkercad 网页界面

2）3D Slash：是一款简便实用的网页建模软件，使用方法类似俄罗斯方块，用网页上的锤子等工具雕琢立体方块来形成模型，完成后的三维模型既可以在网络上共享，又可以导出 STL 格式的数据文件进行打印。更为有趣的功能是，软件中的 VR 模式让用户能够在建模过程中随时全方位查看自己的作品。网页地址为https://www.3dslash.net/slash.php。网页界面如图 2-9 所示。

图 2-9　3D Slash 界面

3）魔猴网：是一款国内的 3D 打印云平台，综合了 3D 格式转换、2D 转 3D、照片浮雕、涂鸦变 3D、立体文字、STL 文件修复、模型定制器等在线 3D 工具。用户可以利用这些基本的功能来使自己的涂鸦、照片、文字等变成 3D 打印的模型，并可以在线打印或者导出 3D 打印模型文件。网页地址为 https://www.mohou.com/ tools。图 2-10 所示为魔猴网提供的 3D 打印相关工具和基本功能。

图 2-10　魔猴网提供的 3D 打印相关工具和基本功能

2.3.4　3D 扫描

1. 3D 扫描介绍

3D 打印最直接的模型获取方式是 3D 扫描。3D 扫描（三维扫描）是利用三维扫描仪这一科学仪器来对物体或环境进行侦测并分析，得到物体的一系列数据，然后这些搜集到的数据将被用于三维重建计算，并在计算机中模拟建立出实际物体的模型。对现有的模型进行三维扫描——逆向进行模型获取的方式，已经在文物保护和古生物化石的保护、医学、设计、工艺制造等方面获得了进展，在工业逆向工程方面也有很广阔的应用。利用 3D 扫描仪扫描古文物如图 2-11 所示。

在 3D 扫描仪的发展过程中，其主要技术经历了以下 3 个阶段：点测量、线测量与面测量。点测量的测量精度高，但速度较慢，适用于检测物体表面几何公差。而面测量在精度高的基础上大大提高了测量速度，更适合用来扫描中小物体。面扫描在高精度的要求下，具有了更广阔的用途，能用于逆向教学、科研检测、动画造型等。

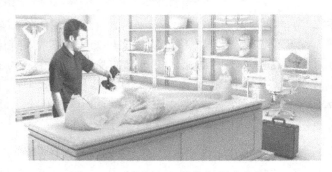

图 2-11　利用 3D 扫描仪扫描古文物

2．3D 扫描仪的操作步骤

使用同一款三维扫描仪扫描同一物体时，不同的操作人员得到的数据结果会有一定的差异，其原因在于扫描人员所掌握的操作技巧。下面以拍照式光学扫描仪为例，简单介绍 3D 扫描仪的操作步骤：

（1）前期的准备工作

确保三维扫描建立在一个稳定的环境中，包括光环境（避免强光和逆光对射）和三维扫描仪的稳固性等，确保三维扫描结果不会受到外部因素的影响。

（2）三维扫描仪校准

在校准过程中，要根据三维扫描仪预先设置的扫描模式，计算出扫描设备相对于扫描对象的位置。校准扫描仪时，相机的设置会影响扫描数据的准确性，要严格按照制造商的说明进行校准工作，仔细校正不准确的三维数据。校准后，可通过用三维扫描仪扫描已知三维数据的测量物体来进行比对，如果发现扫描仪扫描的精度无法实现时，则需要重新校准扫描仪。

（3）对扫描物体表面进行处理

有些物体表面的扫描比较困难。这些物体包括半透明材料（玻璃制品、玉石），有光泽或颜色较暗的物体。对于这些物体需要使用白色显像剂覆盖被扫描物体表面。对扫描物体喷上薄薄的一层显像剂目的是更好地扫描出物体的三维特征，使数据更精确。如果显像剂喷洒过多，则会造成物体厚度叠加，还会对扫描精度造成影响。

（4）开始扫描工作

准备工作完成后，可以对物体进行扫描。用三维扫描仪对扫描物体从不同的角度进行三维数据捕捉，更改物体摆放方式或调整三维扫描仪相机的方向，对物体进行全方位的扫描。

（5）后期处理工作

1）点云处理：目前市面上流行的三维扫描仪均为点云自动拼接方式，无须后期手动拼接，即对物体表面扫描完成后，系统会自动生成物体的三维点云图形。但需要操作人员对扫描得到的点云数据去除噪点（即多余的点云）以及对其进行平滑处理。

2）数据转换：点云处理完后，要对数据进行转换。目前都是系统软件自动将点云数据直接转换成 STL 文件。生成的 STL 数据可以与市面上通用的 3D 软件对接。经过对 3D 打印机软件进行设置后，就可以应用于 3D 打印机的打印工作。扫描、点云处理和打印成品如图 2-12 所示。

图 2-12　扫描、点云处理和打印成品

3. 自制扫描仪

商用 3D 扫描仪的价格较高，用户很难自由实现对物体的测量与扫描。3D 打印爱好者可以自己动手。利用一款叫作 DAVID-Laserscanner 的小软件可以将普通摄像头变为 3D 扫描仪，通过特定的方法，让摄像头从多角度扫描目标物体的轮廓，然后将这些多角度的图像组合成为目标物体的 3D 模型。

首先，准备两张打印纸，将这两张纸粘贴在两个纸板或硬纸壳上，以 90°垂直放置在角落里，在正面安装摄像头，并对亮度和对比度进行调试。之后，移动激光发射器扫描物体。通过这种方法得到的三维文件虽然没有专业仪器扫描效果精美，但借助它可以全方位手动扫描物体，还可以对同一物体扫描多次，然后叠加效果图，得到三维模型文件。

自制三维扫描仪常见的硬件包括质量较好的家用摄像头和可发出线形红光（或绿光）的激光发射器。具体软件可以在 http://www.david-3d.com/support/downloads 进行下载。自制扫描仪如图 2-13 所示。

4. 利用 Kinect 进行三维扫描

如果手中有微软 Kinect（Xbox 和 PC 版）和华硕 Xtion Pro，就可以配合 ReconstructMe 软件进行三维扫描。ReconstructMe 是一款 3D 重建软件，实时显示 3D 扫描模型的视觉效果，可以直接扫描得到人像，下载地址为 http://reconstru-ctme.net/。

打印出来的效果如图 2-14 所示。

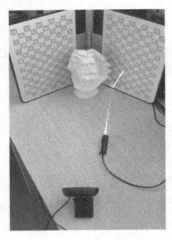

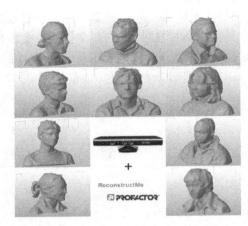

图 2-13　自制扫描仪　　　图 2-14　Kinect 配合 ReconstructMe 软件进行三维扫描

2.3.5　专业三维建模软件

利用专业三维建模软件可以获得更加精确的模型。专业三维建模软件一般分为以下 3 类：第一类为机械设计软件，如 UG、CAD、Pro/E、CATIA、SolidWorks 等软件；第二类为工业设计软件，如 Rhino、Alias 等；第三类为 CG 设计软件，如 3ds Max、Maya、ZBrush 等。下面介绍几款著名的建模软件。

1．3ds Max

美国 Autodesk 公司的 3D Studio Max（3ds Max 前身是 Discreet 公司的，后被 Autodesk 收购），是基于 PC 系统的三维建模、动画、渲染的制作软件。该软件是用户群最为广泛的 3D 建模软件之一，常用于建筑模型、工业模型、室内设计等行业，插件很多，有些功能很强大，能满足一般 3D 建模的需求。

2．Maya

Maya 也是 Autodesk 公司出品的世界顶级的 3D 软件。它集成了早年的 Alias 和 Wavefront 软件。相比于 3ds Max，Maya 的专业性更强、功能更强大，渲染的真实感极强，是电影级别的高端制作软件。在工业界，Maya 广泛应用于影视广告、角色动画、电影特技等行业。

3．Rhino（犀牛）

Rhino 是美国 Robert McNeel 公司开发的专业 3D 造型软件。它对机器配置的要求很低，安装文件才几十兆，但其设计和创建 3D 模型的能力非常强大，特别是在创建 NURBS 曲线曲面方面，得到了很多建模专业人士的喜爱。

4. Cinema 4D

Cinema 4D（C4D）是德国 Maxon 公司的 3D 创作软件，在苹果计算机上用得比较多。

5. AutoCAD

AutoCAD（Auto Computer-Aided Design）是美国 Autodesk 公司出品的自动计算机辅助设计（CAD）软件，用于二维绘图、文档规划和三维设计。该软件适用于制作平面布置图、地材图、水电图、节点图及大样图等，广泛应用于土木建筑、装饰装潢、城市规划、园林设计、电子电路、机械设计、航空航天、轻工化工等诸多领域。

6. CATIA

CATIA 是由法国 Dassault Systems 公司开发的 CAD/CAE/CAM 一体化的三维软件，支持产品开发的整个过程，从概念（CAID）到设计（CAD），到分析（CAE），到制造（CAM）的完整流程。该软件可帮助制造厂商设计未来的产品，并支持从项目前阶段、具体的设计、分析、模拟、组装到维护在内的全部工业设计流程，在机械行业、航空航天、汽车工业、造船工业等领域应用广泛，其实体造型和曲面设计的功能非常强大。

7. SolidWorks

SolidWorks 是世界上第一个基于 Windows 开发的三维 CAD 系统，后被法国 Dassault Systems 公司（开发 CATIA 的公司）所收购。相对于其他同类产品，SolidWorks操作简单方便、易学易用，国内外的很多教育机构（大学）都把SolidWorks列为制造专业的必修课。

8. UG NX

UG NX 是由美国 Unigraphics Solutions（UGS）公司开发的 CAD/CAE/CAM 一体化的三维软件，后被德国西门子公司收购。该软件广泛用于通用机械、航空航天、汽车工业、医疗器械等领域。

9. Pro/E

Pro/E（Pro/Engineer）是美国 PTC（Parametric Technology Corporation）公司旗下的 CAD/CAM/CAE 一体化的三维软件。该软件在参数化设计、基于特征的建模方法具有独特的功能，在模具设计与制造方面功能强大，机械行业用得比较多。

10. ZBrush

美国 Pixologic 公司开发的 ZBrush 软件是世界上第一个让艺术家感到无约束，可以自由创作的 3D 设计工具。作为 3D 雕刻建模软件，ZBrush 能够雕刻高达 10 亿多边形的模型，所以说限制只取决于艺术家自身的想象力。

第 3 章　UG 软件 3D 打印建模实例

3.1　UG 界面的基本介绍

首先双击桌面的 UG 图标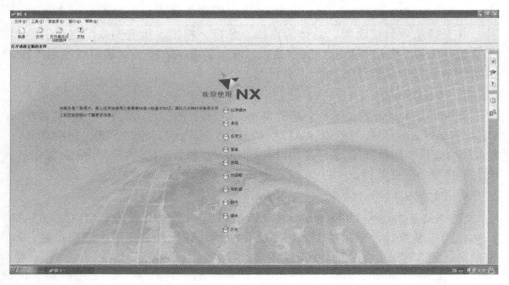，进入 UG 登入界面，如图 3-1 所示。

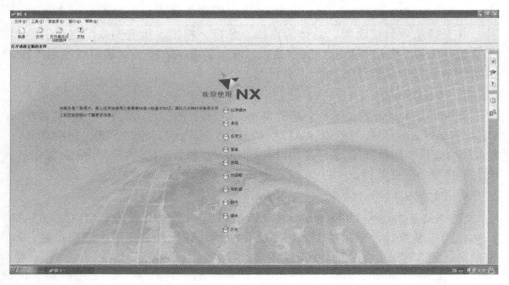

图 3-1　UG 登入界面

按照软件通用的新建文件的操作，新建一个名称为"UG 的"文件，如图 3-2 所示。需要注意的是，UG 所有的文件名称（包括存放的地址名称）必须用英文字母，不能出现中文字符，否则文件将无法打开。

新文件建好后，进入 UG 软件操作界面，如图 3-3 所示。

单击"起始"→"所有应用模块"→"建模"命令（见图 3-4），进入软件实际建模界面，如图 3-5 所示。

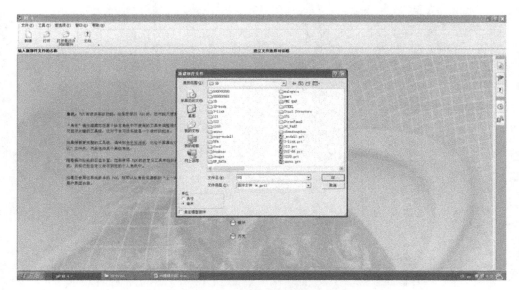

图 3-2 "新建部件文件" 对话框

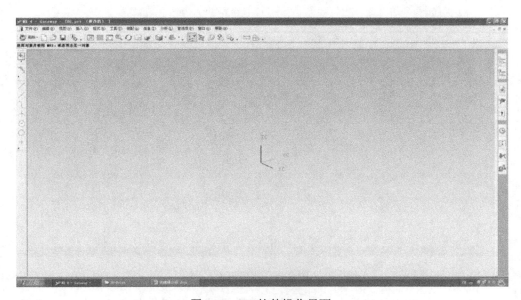

图 3-3 UG 软件操作界面

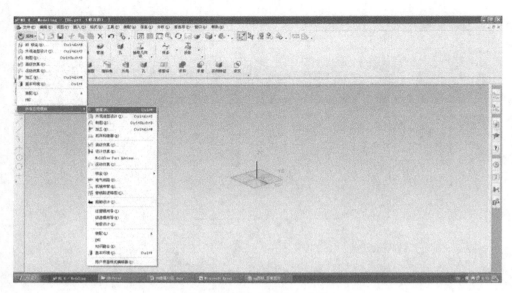

图 3-4　单击"建模"命令

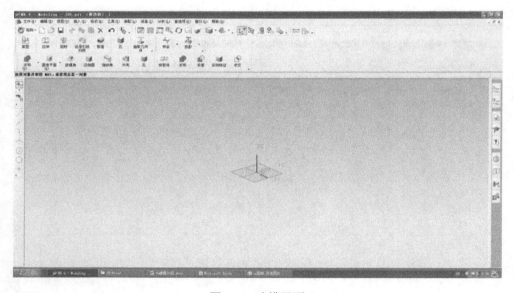

图 3-5　建模界面

　　下面介绍常用的建模命令及方法。建模界面的上部分有 4 行，第一行是基本菜单；第二行是非建模功能的常用操作；第三、四行是建模工具按钮，如图 3-6 所示。

　　1）草图：在草图中绘制二维图形后，进入建模界面进行成型特征建立。

2）拉伸：将平面封闭几何形状拉伸成几何体。

3）回转：将平面封闭几何形状绕一回转轴回转成几何体。

4）沿导引线扫掠：将一平面几何形状沿一个导引线形成不同弧度走向的几何体。

5）管道：在一个管道中心轴的基础上，通过该命令可直接生成不同壁厚的管道几何体。

6）孔：可在任何面上，根据提示进行不同形式开孔的操作。

7）抽取几何体：可进行线、面、区域及体的抽取。

8）样条：通过锚点的设定及调整最终完成样条曲线的绘制及修改。

9）拔模角：可将体进行一定角度的拔模操作，常用于工程设计中。

10）外壳：将几何实体形成具有一定壁厚的腔体。

11）修剪体：利用已存在的边或面将几何实体进行裁剪，去除多余的实体。

12）边倒圆与倒斜角：可将直角边进行倒圆和倒斜角处理。

13）实例特征：可完成矩形阵列、圆形阵列、体的镜像及特征的镜像操作。

图 3-6　建模命令界面

3.2　UG 建模常用命令的基本操作

利用 UG 软件进行三维建模的方法分为以下两种：一种是自由建模，主要用于高级自由曲面。工程师根据产品的设计要求和外观效果进行曲面数据采样，构建曲线，构建曲面，生成三维曲面模型。另一种是在草图中绘制基本曲线，然后通过相关特征操作进行立体化，以此类推，逐渐完成模型的各个部分的设计及建模。相对来说，第二种方法相对简单、易操作，适合初学者和 3D 打印设计爱好者使用。

本节将介绍第二种建模方法。单击图 3-6 中的"草图"按钮进入草图绘制界面，可以看到第三行出现了直线、曲线及简单形状的绘制命令，如图 3-7 所示。在操作界面上对直线、曲线及简单绘制命令进行拖曳，可以完成相关命令的操作。

图 3-7　草图绘制

例如，单击"圆"按钮，界面中会出现一个可以输入 XY 坐标的文本框，如图 3-8 所示。

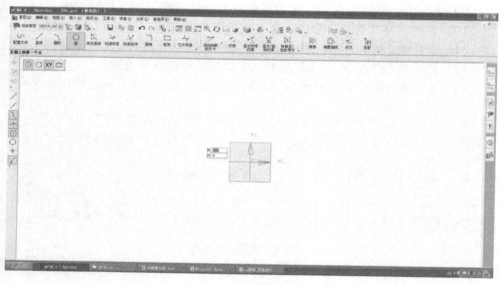

图 3-8　确定圆心位置

设定好圆心后按<Enter>键，拖动鼠标会出现一个圆的形状，同时会出现一个"直径"对话框。此时在对话框中输入相应直径尺寸后按<Enter>键，或直接将圆拖曳到一个合适的大小，单击鼠标左键进行确定，这两种方法均可绘制一个圆形，如图 3-9 所示

单击"偏置曲线"按钮，会弹出一个"偏置曲线"对话框，如图 3-10 所示。在该对话框中注意两个参数即可：①"距离"，是指在原曲线的位置上偏离多大距离；②"反向"。在偏置确认前，注意曲线旁边的箭头，检查箭头是否指向正确的偏置方向，如果方向不对，则可单击"反向"按钮进行修改，进而形成正确的曲线偏置方向。

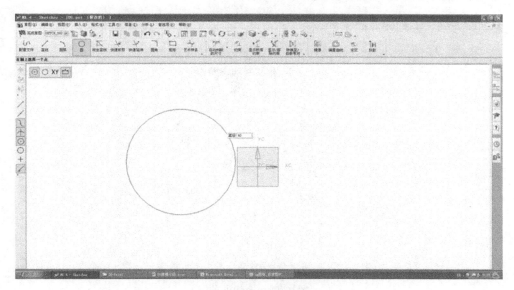

图 3-9　绘制出圆形

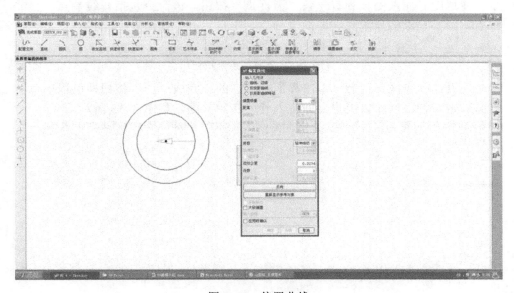

图 3-10　偏置曲线

　　单击"镜像"按钮，可以将对称性较好的曲线完全复制过来，会大大简化设计人员的设计过程。单击"镜像"按钮，会弹出图 3-11 所示的对话框。该对话框中的"选择步骤"有两个选项，根据左上角黑体字的提示，"选择镜像中心线"，选择 Y 轴作为该中心线后确定；"选择镜像几何体"，选择刚刚画好的两个同心圆后确定；这样就形成了图 3-11 所示的镜像曲线。

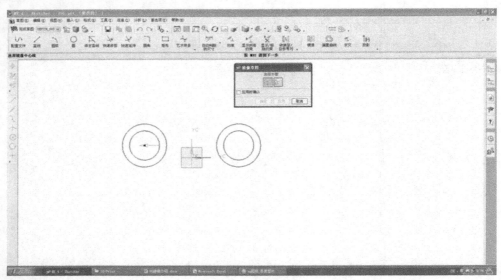

图 3-11　镜像曲线

在草图界面左侧竖列有一条"捕捉点"按钮，该命令包括直线端点、直线中点、圆心、圆的象限点、曲线上的点、垂直点等，如图 3-12 所示。

图 3-12　"捕捉点"按钮

当设计师完成草图后，单击界面左上方的"完成草图"按钮即可退出草图界面，进行特征操作。退出后即进入建模初始界面，如图 3-13 所示。

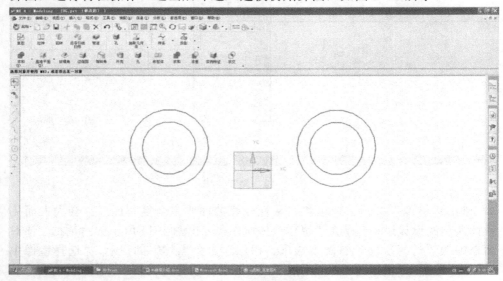

图 3-13　建模初始界面

下面介绍几个常用的按钮。

1．"拉伸"按钮

单击"拉伸"按钮，弹出"拉伸"对话框，按照空白画面的左上方的提示进行相关操作。

1）首先选择几何体，此时选择刚刚画好的同心圆，如图 3-14 所示。

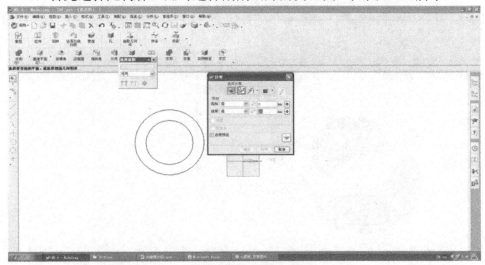

图 3-14　选择几何体

2）在"起始"和"结束"文本框中输入数值，输入的数值将决定几何体的高度，输入合适数值后确定，会出现一个圆筒形的几何体，如图 3-15 所示。

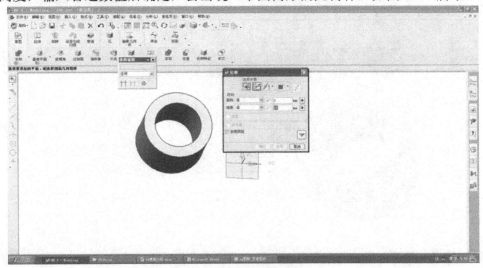

图 3-15　参数设置

2. "边倒圆" 按钮

1）单击 "边倒圆" 按钮，根据提示选择边，此时选择圆筒上段内侧的边作为操作对象。

2）在 "半径" 文本框中输入 "2.5"，如图 3-16 所示。该边变成半径为 2.5mm 的倒圆弧，如图 3-17 所示。

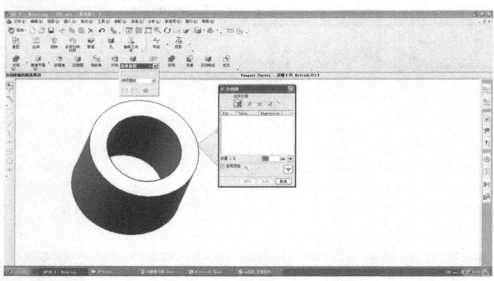

图 3-16　在 "半径" 文本框中输入 "2.5"

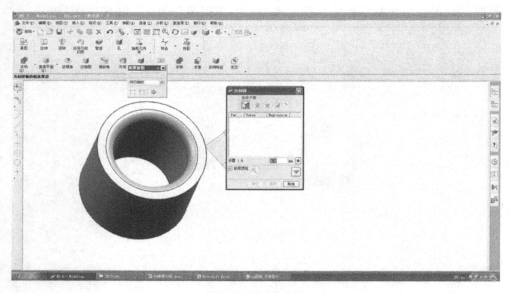

图 3-17　倒圆弧

3. "回转"按钮

1）单击"回转"按钮，按软件中提示，选择同心圆作为几何体之后确定，如图 3-18 所示。

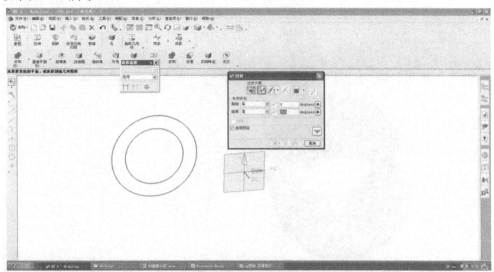

图 3-18 选择同心圆作为几何体

2）选择一个对象来判断矢量，此处功能提示要选一个中心轴，使得该几何体按选中的轴进行回转。这里选择坐标系中的 Y 轴并确定，一个回转体就生成了，如图 3-19 所示。

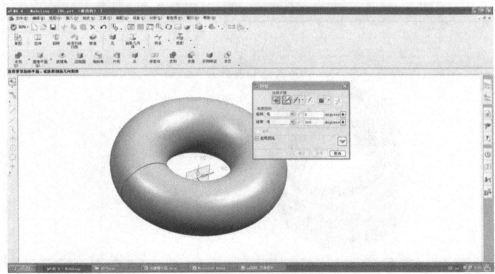

图 3-19 生成回转体

4. "外壳"按钮

1）单击"外壳"按钮，按提示选择圆筒上表面作为要移除的面，且选择的上表面会高亮显示，如图 3-20 所示。

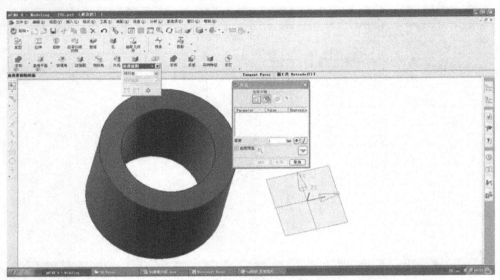

图 3-20　选择要移除的面

2）在"外壳"对话的"厚度"文本框中设置数值为 1mm，这意味着该壳体的壁厚为 1mm，随后便出现想要的外壳几何体如图 3-21 所示。

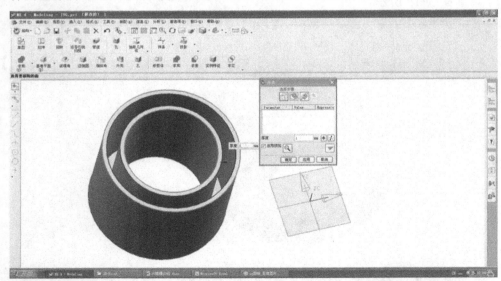

图 3-21　设置厚度

5．"抽取几何体"按钮

1）单击"抽取几何体"按钮，可实现曲线、面、区域、几何体的抽取。单击该按钮，弹出"抽取"对话框。单击该对话框的第二个"面"按钮，如图 3-22 所示。

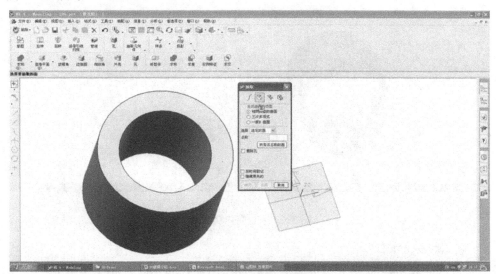

图 3-22　抽取几何体

2）选择圆筒内侧曲面作为要抽取的面并确定，如图 3-23 所示。

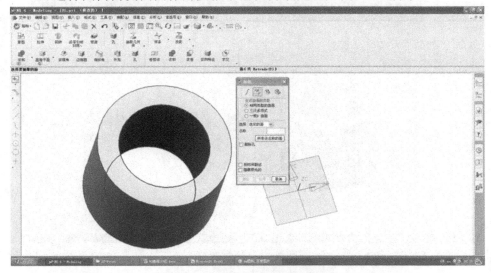

图 3-23　选择抽取面（圆筒内侧）

3）隐藏圆筒实体之后，发现抽取后的圆筒内侧曲面，如图 3-24 所示。

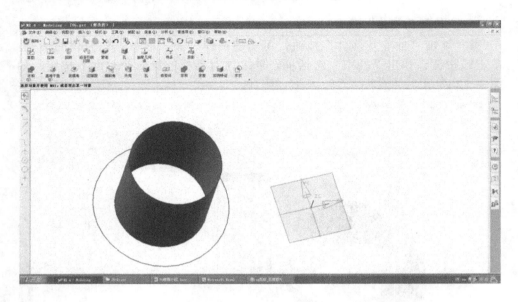

图 3-24　圆筒内侧曲面

6. 布尔运算

布尔运算可以将两个相接触的体进行布尔加、布尔减及相交运算。

1）在圆筒的上表面绘制一个较大的圆形，如图 3-25 所示。

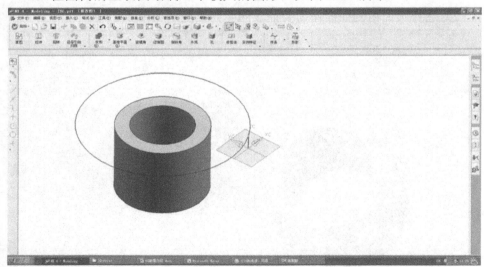

图 3-25　绘制圆形

2）单击"布尔加运算"按钮，分别选择两个体进行加运算，则两个体随后变成一个整体，如图 3-26 所示。

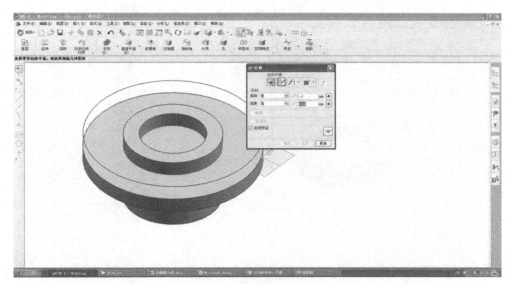

图 3-26　布尔加运算

7. "求交"按钮

1) 单击"求交"按钮，分别选择圆盘和圆筒作为目标体和工具体并确定，如图 3-27 所示。

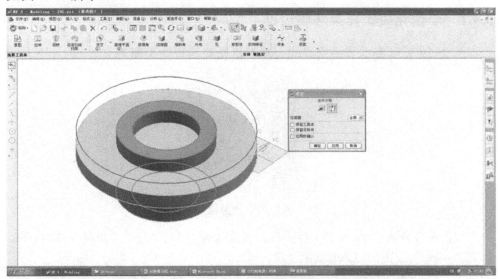

图 3-27　求交运算

2) 运算的最终结果是，两体相交的部分被保留，其余部分几何体被系统自动删除，如图 3-28 所示。

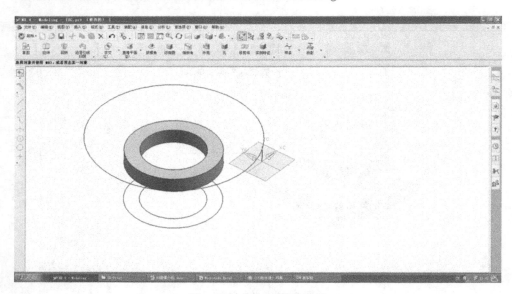

图 3-28　求交运算的结果

3.3　UG 软件三维建模实例及 3D 打印 STL 格式的导出

3.3.1　个性化手机托架建模过程

图 3-29 所示为本节要完成的人形手机托架模型效果图。

图 3-29　人形手机托架模型效果图

双击 UG 图标，进入 UG 界面时，界面上端出现的工具栏如图 3-30 所示。单击"草图"按钮，进入绘制区。

图 3-30　UG 工具栏

此时发现界面左上角出现了一个 [图标]图标，说明已经进入草图模式，如图 3-31 所示。

图 3-31　进入草图模式

以下为手机支架的具体建模步骤。

1）单击画圆工具，并在 XY 平面上画一个直径为 37mm 的圆，如图 3-32 所示。

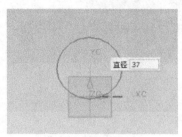

图 3-32　草图绘制直径为 37mm 的圆

2）绘制 3 条辅助线，并将其转化成虚线型的参考线，不参与特征编辑。首先通过圆形绘制一条任意长直线，然后分别偏置 25mm、85mm，如图 3-33 所示。

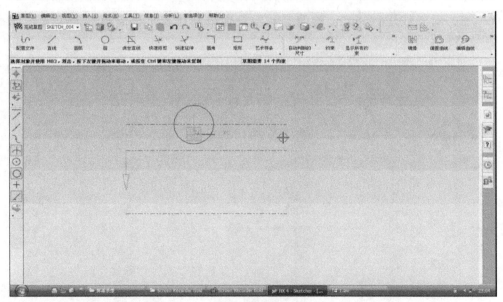

图 3-33　直线及分别偏置 25mm 和 85mm 的直线

中间那条直线为手机支架手臂部分的端面的上端，因此在该直线上找到手臂长度合适的一点，向下做一斜线，改斜度为适合手机的可视角度即可，本例中选用 290°，最下面那条线为人形手机支架膝关节处的下边缘线，如图 3-34 所示。

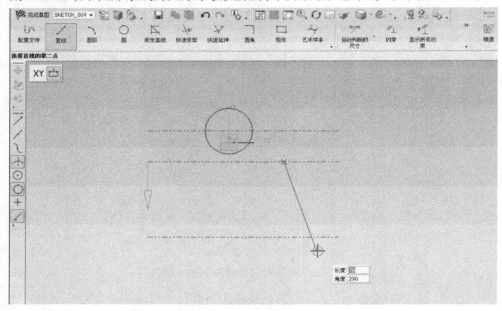

图 3-34　手机支架倾斜角度 290 度

3）对斜线进行 6mm 的偏置，两条虚线则代表手机支撑后的位置，如图 3-35 所示。

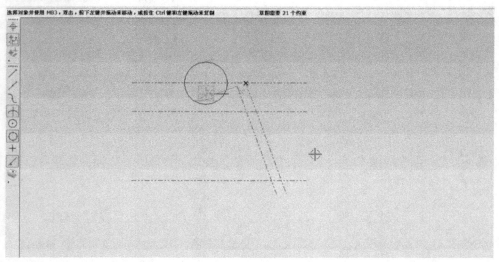

图 3-35　偏置 6mm 的直线

4）单击工具栏中的"艺术样条曲线"按钮，连续绘制手机支架的背部轮廓，根据直观比例进行绘制即可，如图 3-36 所示。

5）同时绘制支架膝盖及脚部弯曲的地方，该处可用"艺术样条"一次性完成相关绘制，如图 3-37 所示。

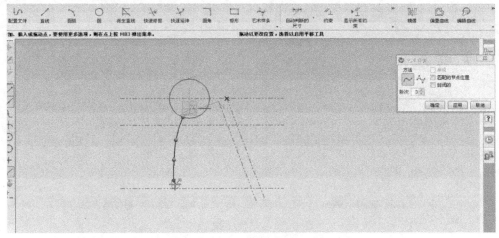

图 3-36　绘制支架背部轮廓

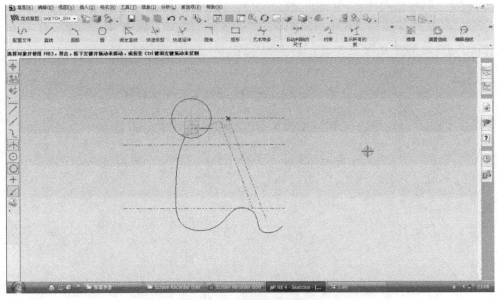

图 3-37　绘制膝盖轮廓线

6）绘制出第一条膝盖轮廓线之后，将向右侧偏置 80mm，形成完整的屈膝形态，多余的腰线稍后一起做修剪即可，如图 3-38 所示。

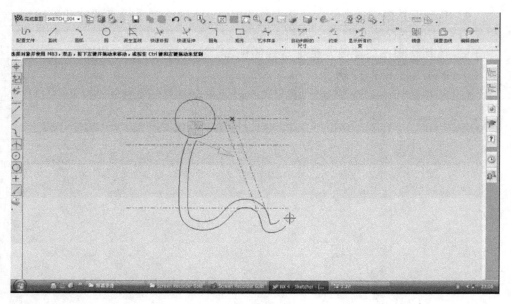

图 3-38 完整屈膝形态

7）用同样的方法绘制支架的手臂部分，先单击"艺术样条"按钮进行绘制，然后进行偏置，如图 3-39 所示。

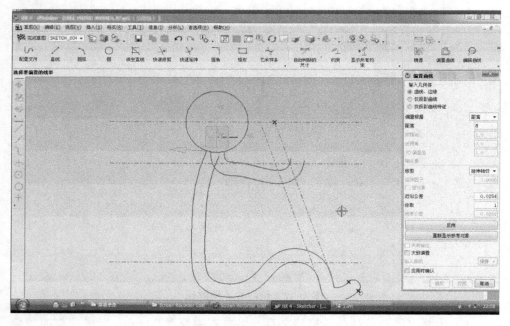

图 3-39 手臂轮廓绘制

8）清除多余的线段，同时为了 3D 打印模型时更加方便，在身体中部可以开有类似矩形的洞（见图 3-40），目的是减少打印耗材的使用量和减少打印时间。

9）将支架手部进行封闭，且封闭后与开始画的第一条斜线相切，确保手机支架设计完毕后手机摆放的姿态，如图 3-41 所示。

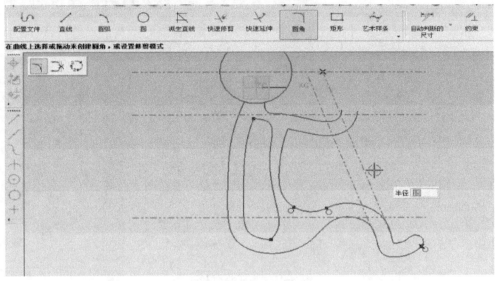

图 3-40　身体开孔

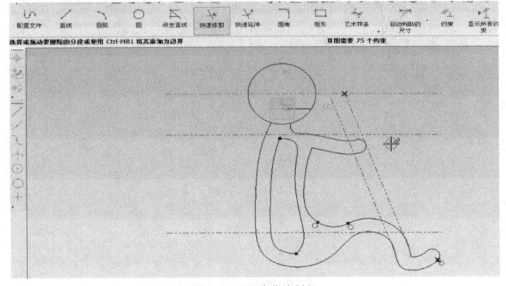

图 3-41　手臂曲线封闭

10）为了减少打印耗材的使用量，同时增加立体感，在头部里面绘制直径为 25mm 的内圈，并将脖子处的圆弧线删掉，使得整个图形能够完全闭合，且不生成自相交曲线，如图 3-42 所示。可以对整个草图进行局部修正，将不符合比例的地方进行调整。

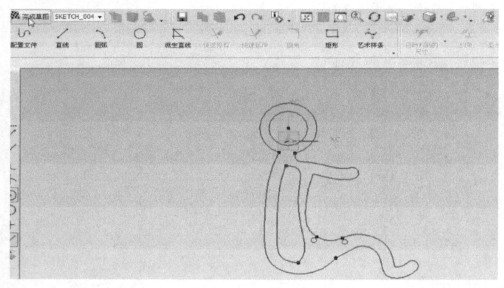

图 3-42　支架头部开孔

11）单击"完成草图"按钮，进入特征编辑界面。单击工具栏中的"拉伸"按钮，使得原来的草图在 Z 轴方向上进行 140mm 的拉伸，形成一个放置手机的手机托架，如图 3-43 所示。

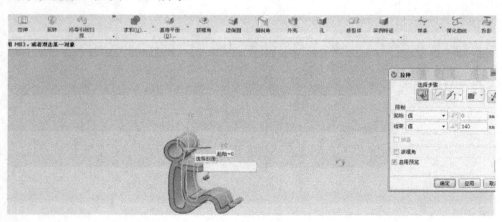

图 3-43　拉伸

12）为了模型的美观度，可以根据设计者的需要将模型进行局部修改，最终模型效果如图 3-44 所示。

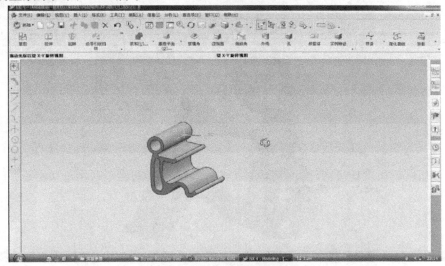

图 3-44　手机支架模型最终效果

13）将该模型以 3D 打印机软件识别的 STL 格式进行导出。导出流程如下：

① 单击"文件"→"导出"→"STL"命令，弹出"快速成型"对话框，如图 3-45 所示。

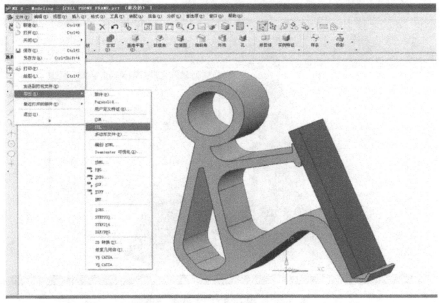

图 3-45　单击"文件"→"导出"→"STL"命令

② 在"快速成型"对话框中选择默认选项即可，如图 3-46 所示。

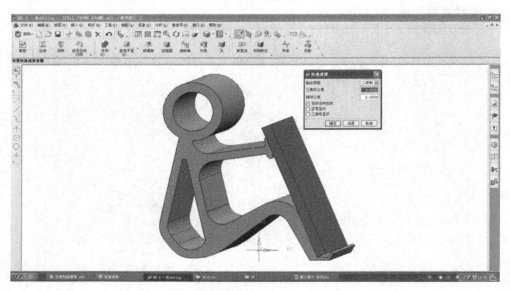

图 3-46 "快速成型"对话框

③ 在"导出快速成型文件"对话框的"文件名"文本框中输入"SJTJ"（手机托架的拼音简写），接着设置 SJTJ.stl 文件的保存路径和位置，注意保存为英文路径，如图 3-47 所示。

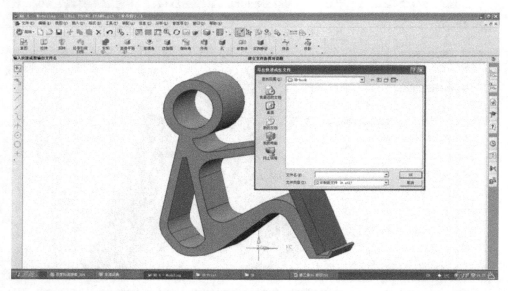

图 3-47 保存 STL 文件名及路径

④ 单击 OK 按钮之后，出现输入文件头信息对话框，不需输入内容直接单击"确定"按钮即可，如图 3-48 所示。

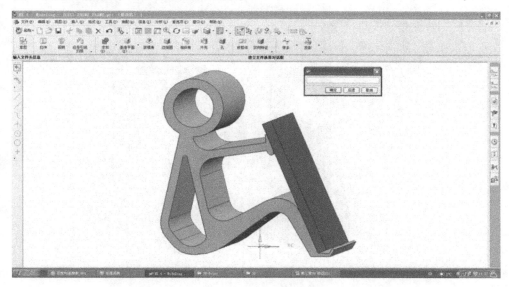

图 3-48　输入文件头信息

⑤ 单击"确定"按钮，软件会提示选择要保存的模型，单击鼠标进行选择，被选择的模型会高亮显示，单击左上角的"√"按钮完成操作，如图 3-49 所示。

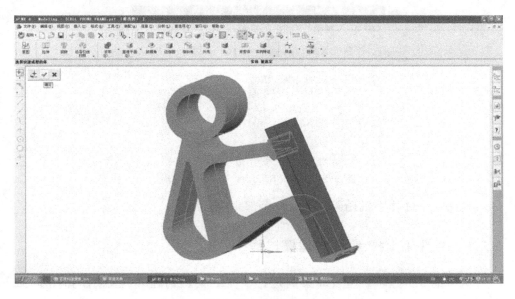

图 3-49　选择模型

⑥ 在随后出现的两个对话框中，分别单击"不连续"和"否"按钮即可，如图 3-50 所示。

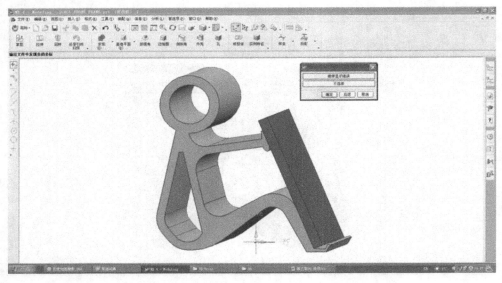

图 3-50　单击"不连续"和"否"按钮

⑦ 在之前设置好的文件路径中进行查找，确认 3D 打印文件 SJTJ.stl 正确导出，如图 3-51 所示。

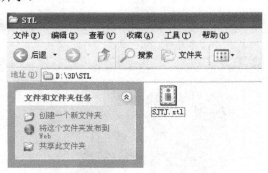

图 3-51　确认 SJTJ.stl 文件正确导出

至此，个性化手机托架模型文件全部完成。

3.3.2　个性化 VIP 钥匙牌建模过程

本节的 3D 打印模型设计案例是一个 VIP 会员钥匙牌，效果图如图 3-52 所示。

图 3-52　钥匙牌效果图

建模过程如下：

1）单击"矩形"按钮绘制一个矩形框，单击工具栏中的"自动判断尺寸"按钮，将长宽分别设定为 50mm 和 25mm，这样整个矩形就自动调整为相应尺寸大小。该矩形轮廓作为 VIP 钥匙牌的外形轮廓大小，如图 3-53 所示。

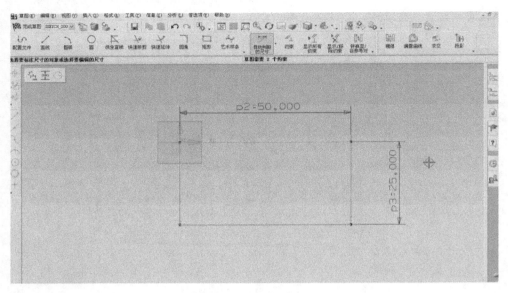

图 3-53 外形轮廓

2）退出草图，对上述轮廓进行拉伸。单击"拉伸"按钮，将结束位置改为 2.5mm（VIP 牌的厚度），如图 3-54 所示。

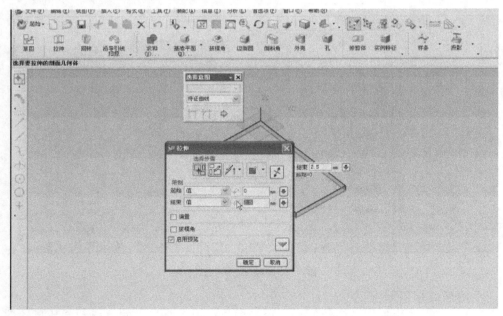

图 3-54 拉伸厚度

3）单击"草图"按钮，选择轮廓矩形面作为草图面，绘制一个同边长的矩形轮廓，随后单击"偏置曲线"按钮，将该矩形轮廓向内偏置2mm，如图3-55所示。

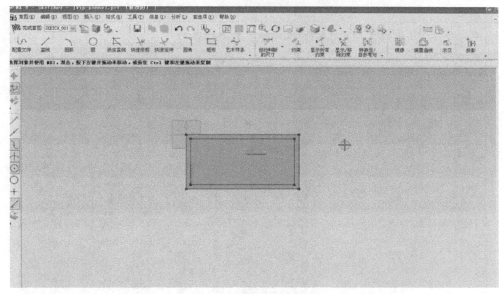

图 3-55　向内偏置曲线

4）在矩形的左上角绘制一个圆，圆中包含的直线需要被裁剪掉，并使刚绘制成的偏置直线两端封闭。留出的这一空白区域是为了后续形成钥匙链的孔洞，如图3-56所示。

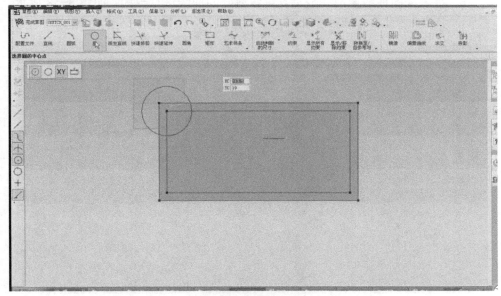

图 3-56　裁剪范围

5）划定裁剪范围后，单击"快速修剪"按钮修剪多余的曲线，如图 3-57 所示。

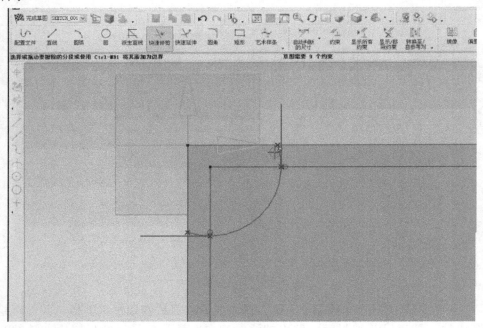

图 3-57　修剪多余曲线

6）将多余的曲线修剪完成后，对修剪好的曲线进行封闭，如图 3-58 所示。

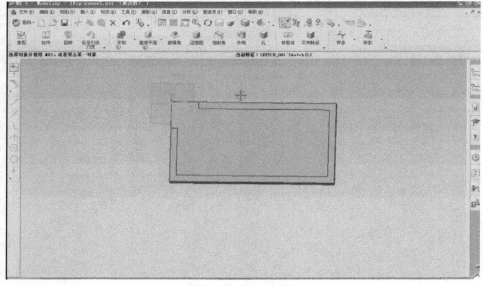

图 3-58　将曲线封闭

7）将上述封闭曲线拉伸 1.5mm，如图 3-59 所示。

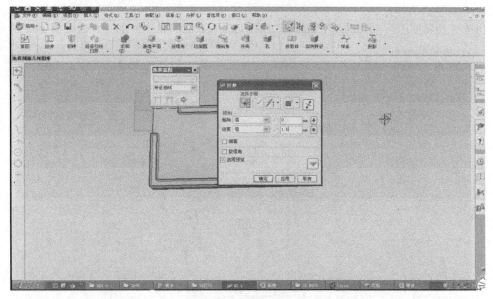

图 3-59　拉伸厚度

8）同理，进行两侧的对称操作。另一侧的凸台同样对上述封闭曲线进行拉伸获得。要注意的是，另一侧进行拉伸时，起始位置和结束位置数值分别为 -2.5mm 和-4mm，如图 3-60 所示。

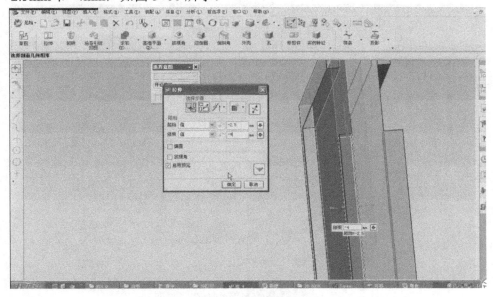

图 3-60　反向拉伸

9）单击"边倒圆"按钮，设置半径为 1mm，对模型所有直边进行倒圆处理，如图 3-61 所示。

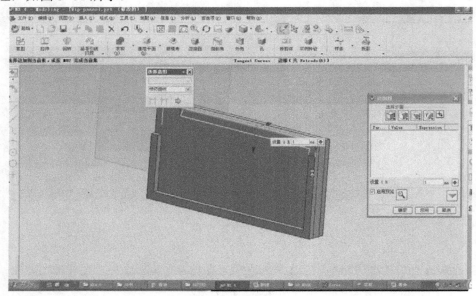

图 3-61　倒圆处理

10）选择矩形面作为草图平面，并在预留的空白处的合适位置画一个圆，在后面的操作中，可以通过拉伸、布尔减运算得到钥匙链孔，如图 3-62 所示。

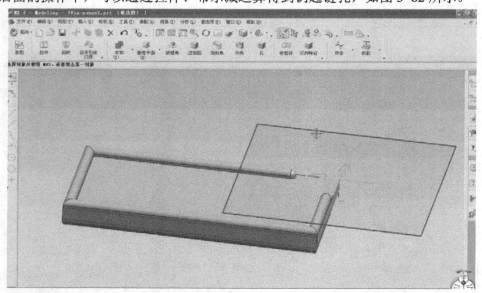

图 3-62　选择矩形面作为草图平面

11）单击"圆"按钮在草图平面内绘制圆形，画出钥匙链孔，如图 3-63 所示。

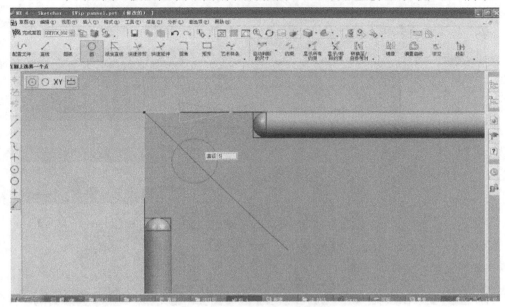

图 3-63　钥匙链孔的绘制

12）画出钥匙链孔之后，将圆形轮廓进行拉伸，拉伸后进行布尔减运算，如图 3-64 所示。

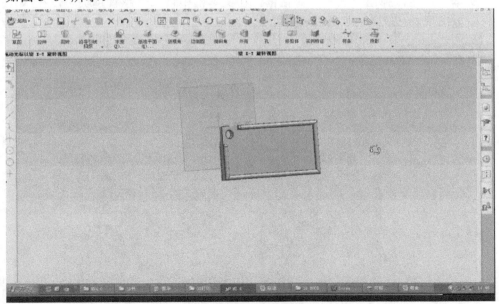

图 3-64　进行布尔减运算

13）反复单击"边倒圆"命令进行侧面倒圆操作，将半径设置为 5mm，如图 3-65 所示。

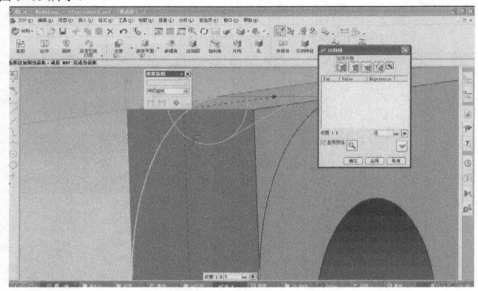

图 3-65　边倒圆操作

14）单击"插入"→"曲线"→"文本"命令，进行文字造型设计。单击"文本"按钮，弹出"文本"对话框，在文本框中输入"越食越美"，在 VIP 牌附近出现相应文本，如图 3-66 所示。

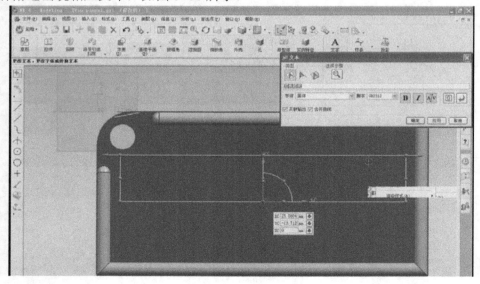

图 3-66　输入文字

15）通过文本框改变字体，可以采取拖曳文本上的锚点来改变文字的大小、位置。文字输入后的效果如图 3-67 所示。

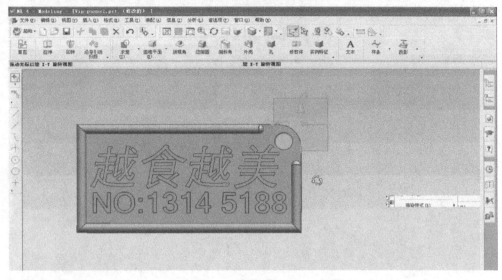

图 3-67　文字输入后的效果

16）文字设计好后，单击"拉伸"按钮，在"起始"和"结束"文本框中分别输入 2.5mm 和 4mm，如图 3-68 所示。

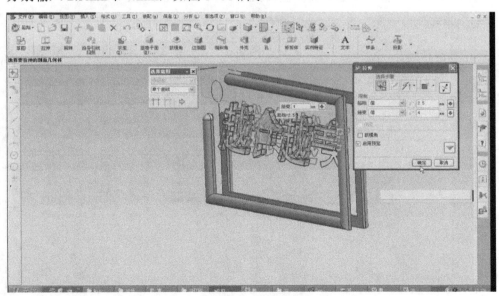

图 3-68　拉伸文字

17）对文字进行拉伸操作后的效果，如图 3-69 所示。

图 3-69　文字拉伸后的效果

18）同理，输入钥匙牌另一侧的文字，具体过程如图 3-70 所示。

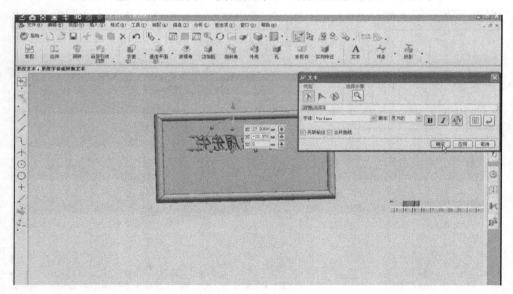

图 3-70　输入另一侧文字

19）同样，通过锚点进行文字大小的调整和位置的调整，效果图如 3-71 所示。

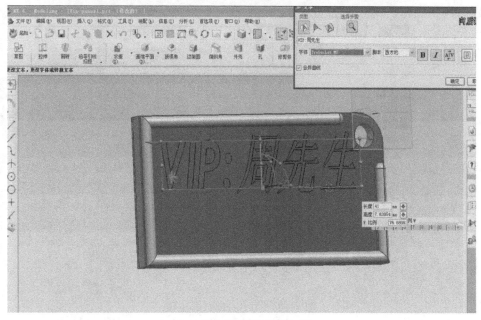

图 3-71 调整另一侧文字

20）钥匙牌上的数字造型设计和文字设计的方法相同，设计效果如图 3-72 所示。

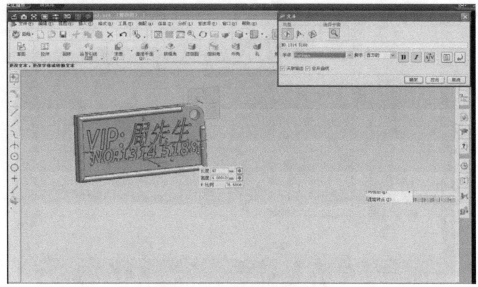

图 3-72 另一侧文字输入的效果

21）对于另一侧的文字处理，尝试一种凹陷的效果，采取向该侧文字的反方向拉伸操作，其效果如图 3-73 所示。

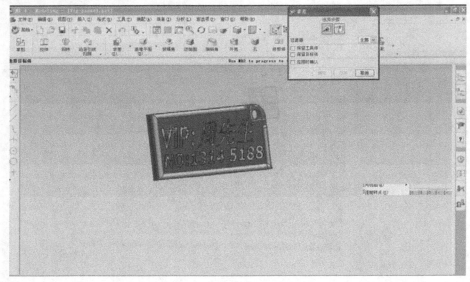

图 3-73　文字的反方向拉伸

22）拉伸操作之后，文字并没有突出于表面，而是向表面里面拉伸。这时运用布尔减运算，将文字与面板重合相交的部分去除，就形成了凹陷的字体，其效果如图 3-74 所示。

图 3-74　凹陷字体

23）当整体造型结束后，可对局部进行颜色的调整，为实际打印做好颜色模拟。若设计不同的颜色，则不同颜色的部分需要分别打印后再彼此装配到一起。按<Ctrl+J>组合键，选中要变色的字体，并单击颜色一栏，选择合适的颜色进行搭配，如图 3-75 所示。

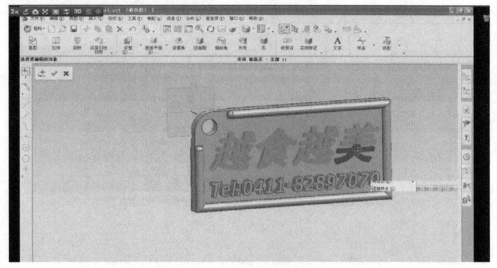

图 3-75　Ctrl+J 快捷键

24）颜色选择变化时需要进入"编辑对象显示"文本框，如图 3-76 所示。

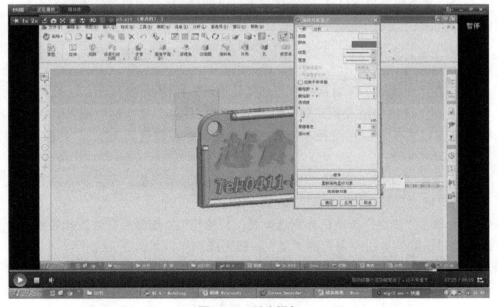

图 3-76　更改颜色

至此，个性化的 VIP 钥匙牌模型就制作完成了，其最终效果图如 3-77 所示。

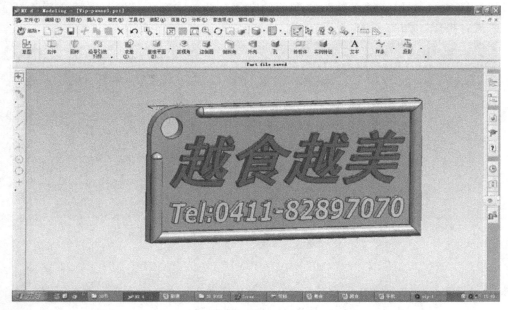

图 3-77　最终模拟效果

25）将该模型以 STL 格式进行导出，以便被 3D 打印机软件所识别。导出流程如下：

① 单击"文件"→"导出"→"STL"命令，弹出"快速成型"对话框，如图 3-78 所示。

② 在"快速成型"对话框中选择默认选项，如图 3-79 所示。

③ 在"导出快速成型文件"对话框的"文件名"文本框中输入"VIP"，接着设置该文件的保存路径和位置（文件名及路径需全为英文），如图 3-80 所示。

④ 单击"OK"按钮后，出现输入文件头信息对话框，不需输入内容，直接单击"确定"按钮即可，如图 3-81 所示。

⑤ 单击"确定"按钮后提示选择要保持的模型，选择后，被选择的模型会高亮显示，同时单击左上角的"√"按钮完成操作，如图 3-82 所示。

⑥ 在随后出现的两个对话框中，分别单击"不连续"和"否"按钮，如图 3-83 所示。

⑦ 在之前设置好的文件路径中进行查找，确认 VIP.stl 文件导出无误。

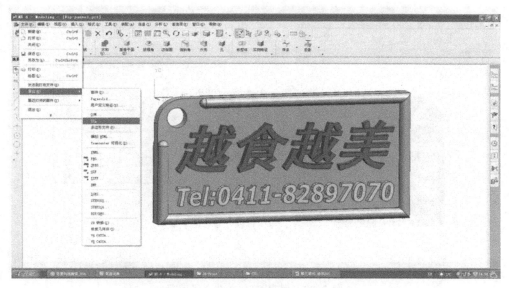

图 3-78　单击"文件"→"导出"→"STL"命令

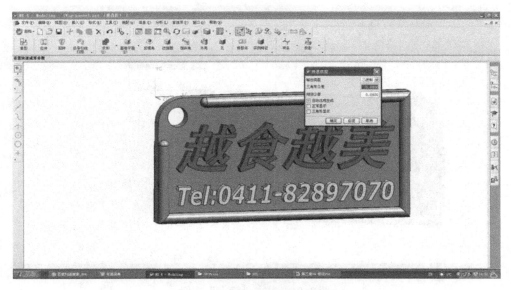

图 3-79　"快速成型"对话框

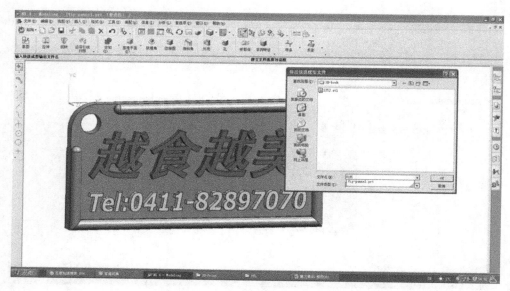

图 3-80　保存 STL 文件名及路径

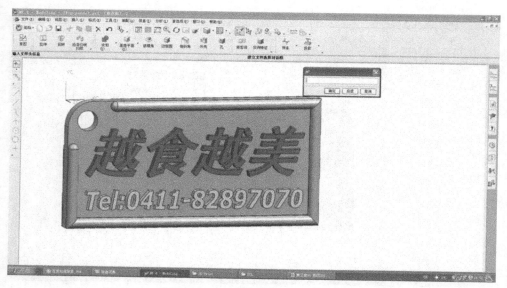

图 3-81　单击"确定"按钮

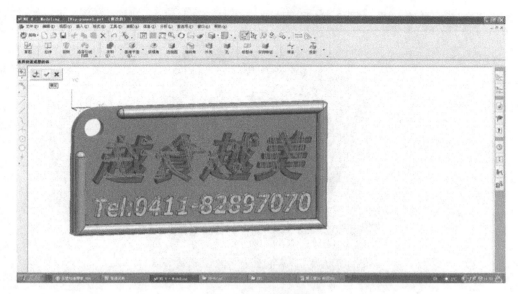

图 3-82　选择模型

图 3-83　单击"不连续"和"否"按钮

3.3.3　海洋之心香皂盒建模过程

该节主要介绍海洋之心香皂盒的三维造型设计及进行相关打印时要注意的

细节内容，最终效果如图 3-84 所示。

图 3-84 海洋之心香皂盒效果图

1）打开 UG 软件，单击"新建"按钮，建立一个新的 UG 文件并命名，如图 3-85 所示。

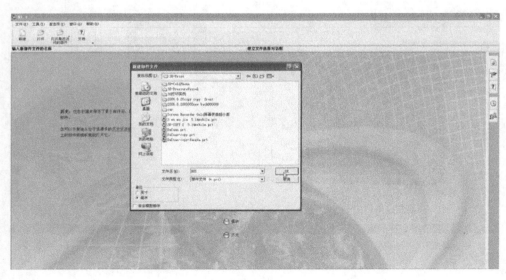

图 3-85 新建文件

2）单击"草图"按钮，在工具栏中单击"矩形"按钮，用鼠标拖曳出一个矩形，如图 3-86 所示。

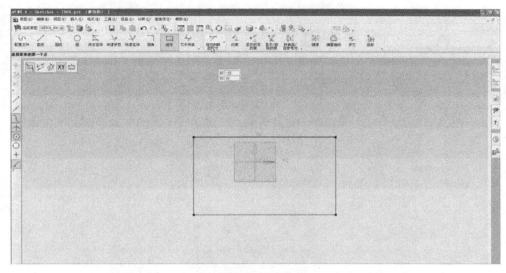

图 3-86 绘制矩形

3）利用"自动判断尺寸"按钮，修改矩形的长和宽分别为 100mm 和 70mm，如图 3-87 所示。

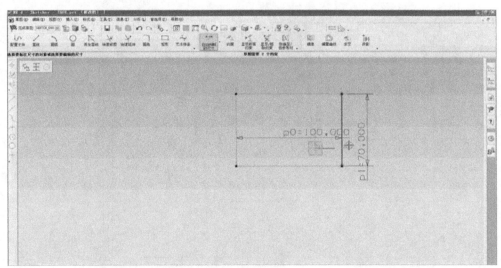

图 3-87 修改矩形的长和宽

4）单击"偏置曲线"按钮，将画好的矩形的 4 条边向外偏置 3mm，此过程是为了在后续工作中形成盒体的厚度，如图 3-88 所示。偏移后的效果如图 3-89 所示。

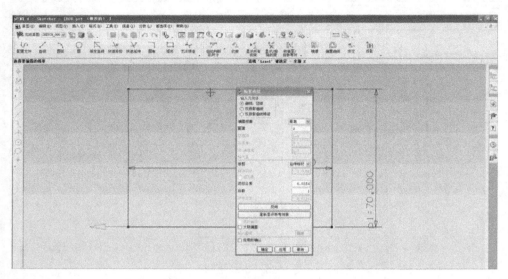

图 3-88　整体偏置矩形轮廓线

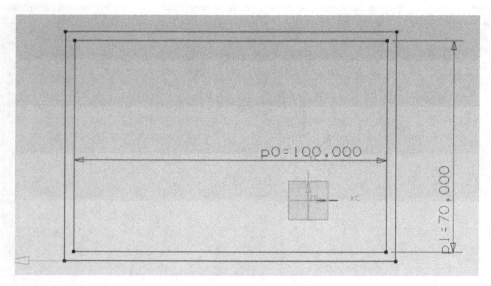

图 3-89　偏移后的效果

5）退出草图后，单击"拉伸"按钮 ，将壁厚曲线拉伸 25mm，用来形成盒体的深度，如图 3-90 所示。

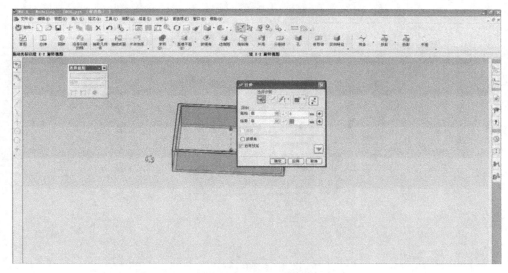

图 3-90　拉伸矩形线框

6）选择底面的矩形边框面（高亮显示）作为草图的绘制面，进入草图，如图 3-91 所示。

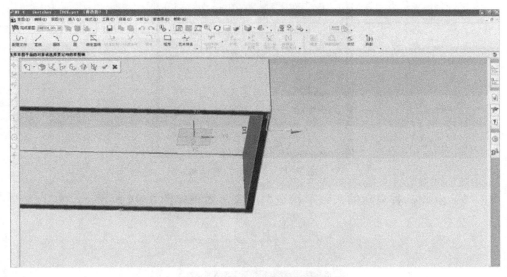

图 3-91　选择底面绘制最外圈轮廓矩形

7）进入草图后，沿着最外面的矩形框绘制一个和底面边框重合的最大的矩形线框。退出草图之后，再次单击"拉伸"按钮，选择刚画完的矩形线框并拉伸出盒体的底面，效果如图 3-92 所示。

8）在"拉伸"对话框的"结束"文本框中输入"3"，如图 3-93 所示。

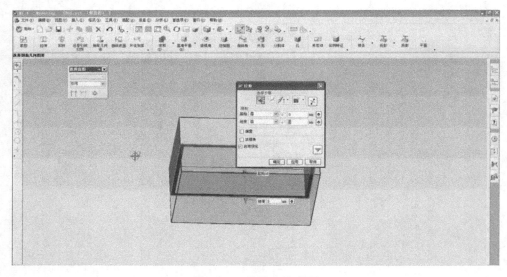

图 3-92　拉伸盒体底面

图 3-93　"拉伸"对话框

9）至此，香皂盒的大致形状造型结束，效果如图 3-94 所示。

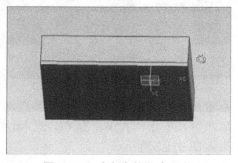

图 3-94　香皂盒的基本形状

后续对该皂盒进行修饰，使其不仅具备基本的使用功能，同时具有观赏性。

1）利用单击"边倒圆"按钮 ，将盒体内部的底面的内棱角倒圆，半径设为 10mm，显示效果如图 3-95 所示。

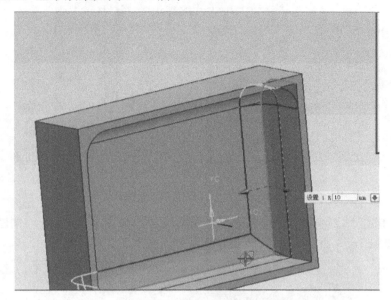

图 3-95　将盒体内部的底面的内棱角倒圆

经过预倒圆发现，外表面的 4 个棱角和底面棱角也可倒成半径为 10mm 的倒圆，使得整个盒体显得更加匀称美观，如图 3-96 所示。

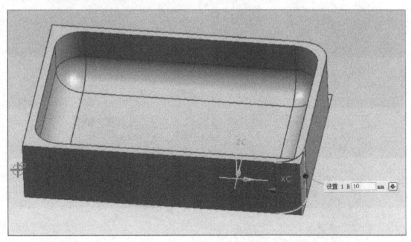

图 3-96　将外表面的 4 个棱角和底面棱角进行倒圆

2）继续将边进行倒圆，"边倒圆"对话框如图 3-97 所示。

图 3-97 "边倒圆"对话框

3）单击"边倒圆"按钮，选择外轮廓底边，如图 3-98 所示。倒圆成功后的效果如图 3-99 所示。所有棱边倒圆后的效果如图 3-100 所示。

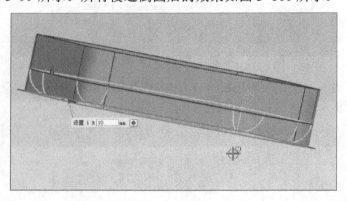

图 3-98 选择外轮廓底边

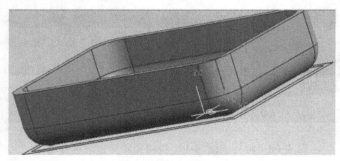

图 3-99 倒角成功后的效果

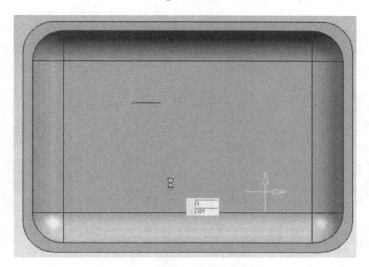

图 3-100 所有棱边倒圆后的效果

下面介绍做进一步的艺术加工。该香皂盒的主题为海洋之心,事先在本子上大致画好图案的形状及位置,在软件中直接作为参考进行绘制即可。如果有尺寸要求的,则可按尺寸要求排版。这里是自由创作不做尺寸要求,在合适的位置画相应大小的图案即可。

1)进入草图绘制,选择底面作为绘制面,然后在该面靠近底部利用直线命令绘制出燕鱼的形状,如图 3-101 所示。

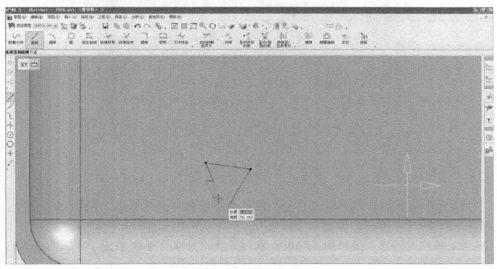

图 3-101 绘制燕鱼轮廓

燕鱼的轮廓效果如图 3-102 所示。

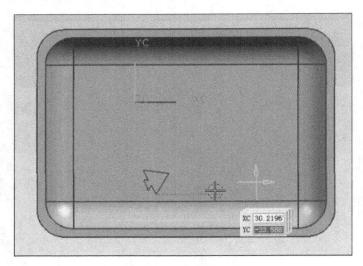

图 3-102　燕鱼的轮廓效果

2）绘制心形轮廓线，如图 3-103 所示。

图 3-103　绘制心形轮廓线

这里介绍如何实现"海洋之心"的造型。单击"艺术样条"按钮 ，弹出"艺术样条"对话框，如图 3-104 所示。

3）单击"确定"按钮后，就可以利用"艺术样条"绘制曲线了，如图 3-105 所示。

4）为了防止样条曲线后续参与到相关拉伸命令中，可以将两条心形曲线转换成引用线，这样非实线是不参与建模命令的，如图 3-106 所示。

图 3-104 "艺术样条"对话框

图 3-105 利用"艺术样条"绘制心形

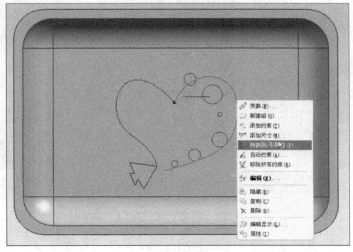

图 3-106 将心形轮廓线转化为引用线

转换引用线效果如图 3-107 所示。

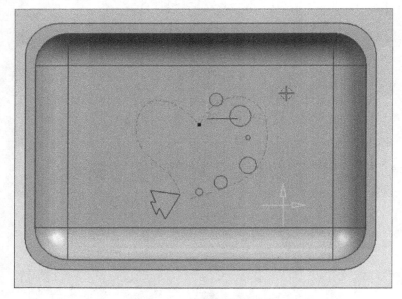

图 3-107　转换引用线效果

5）将之前画得不好的圆圈删除，沿着"心形"曲线的痕迹依次绘制燕鱼吐出的泡泡，效果如图 3-108 所示。

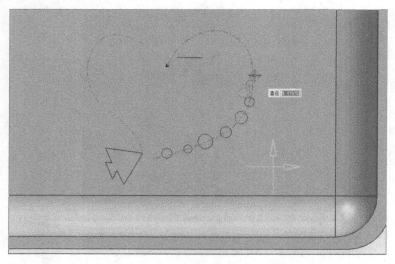

图 3-108　沿着引用线绘制泡泡

如图 3-109 所示，小鱼吐出的气泡形成了一个"心形"。

如图 3-110 所示，小鱼吐出的"心形"气泡和香皂盒整体效果。

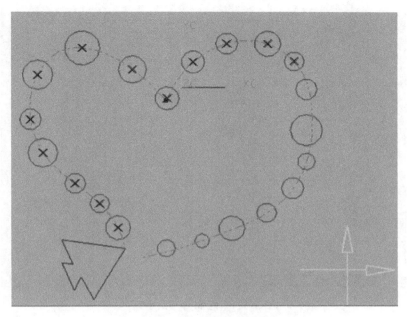

图 3-109　心形气泡绘制效果

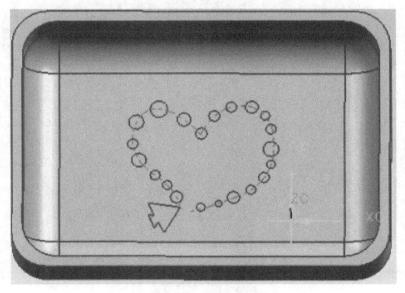

图 3-110　整体效果

6）同理，在靠近香皂盒上部的地方，用同样的方法画出另一条小鱼，并在周围画上装饰的圆圈，也可以自由设计，添加自己喜欢的图案，如图 3-111 所示。整体效果如图 3-112 所示。

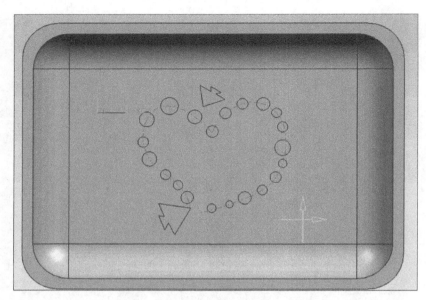

图 3-111　绘制另一条小鱼

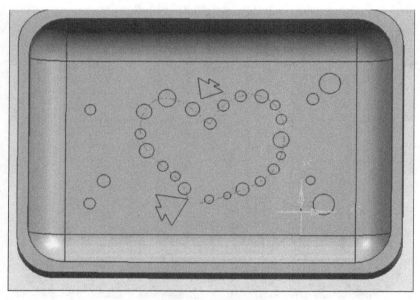

图 3-112　整体效果

下面进行心形气泡镂空处理，效果图如图 3-113 所示。

1）单击"拉伸"按钮，将围成心形的泡泡进行实体拉伸，并按照图 3-114 所示的参数进行设置。

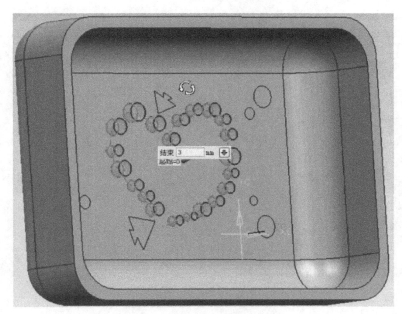

图 3-113　心形气泡镂空处理效果

图 3-114　"拉伸"对话框

　　2）拉伸的数值可以自己设定，但要保证拉伸的高度在两侧均要超过盒体的上下表面，这样才能利用图 3-114 中的布尔减运算进行减法运算，进而得到镂空的心形图案。进行布尔减运算后的效果如图 3-115 所示。

　　3）同理，找到盒体的长边的侧面，进入草图绘制。绘制不同的直径的圆形，位置可随意摆放，看上去较为美观即可，然后进行拉伸、布尔减运算。此处要注意的是，为了让两侧是同样的效果，在拉伸的过程中，拉伸长度一定要长于整个盒体的宽度。

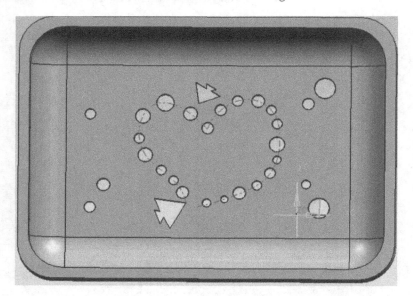

图 3-115　整体镂空

4）宽度侧面也按照长度侧面的操作方法如法炮制，制作出两侧同样的镂空效果。拉伸操作之后，执行布尔减命令，完成后的效果如图 3-116 所示。

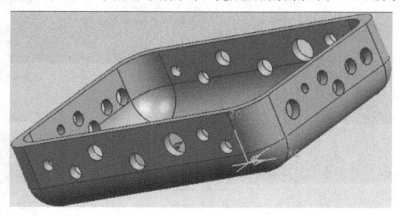

图 3-116　镂空后效果

最后，将该模型以 STL 格式进行导出，导出流程如下：

1）单击"文件"→"导出"→"STL"命令，弹出"快速成型"对话框，如图 3-117 所示。

2）在"快速成型"对话框中选择默认选项即可。

3）在"导出快速成型文件"对话框的"文件名"文本框中输入"BOX"，接着设置该文件的保存路径和位置（文件名及路径需全为英文）。

4）单击"OK"按钮后，出现输入文件头信息对话框，不需输入内容，直接单击"确定"按钮即可。

5）单击"确定"按钮后提示选择要保持的模型，选择后，被选择的模型会高亮显示，同时单击"√"按钮。

6）在随后出现的两个对话框中，分别单击"不连续"和"否"按钮即可。

7）在之前设置好的文件路径中进行查找，确认 BOX.stl 文件导出无误，如图 3-118 所示。

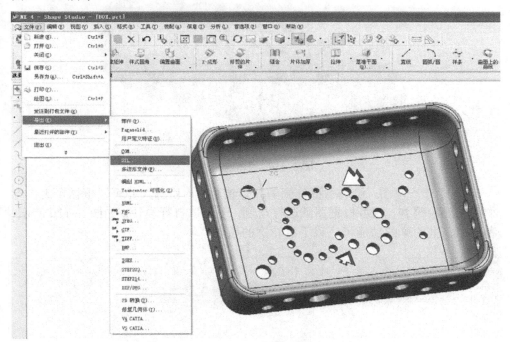

图 3-117　单击"文件"→"导出"→"STL"命令

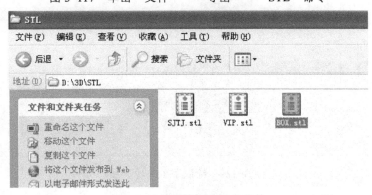

图 3-118　确认 BOX.stl 文件

3.3.4 手机外壳三维模型建模过程

本节介绍手机外壳的三维造型方法。手机效果图如图 3-119 所示。

图 3-119 手机效果图

1）建立一草图，绘制手机外壳的大体轮廓。该轮廓尺寸可以根据现有的实物手机测绘得到，也可根据图纸进行绘制，还可以自行设计。如图 3-120 所示，利用 UG 里的草图功能可完成手机轮廓的绘制。

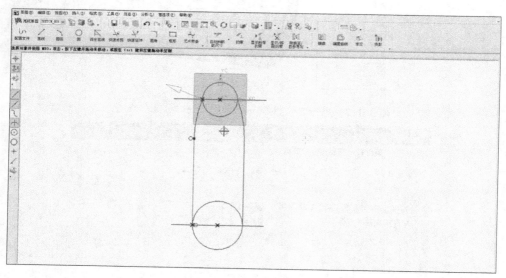

图 3-120 绘制手机外轮廓线

图 3-120 中的额外线条为辅助线，最终轮廓线如图 3-121 所示。

2）利用 UG 软件的建模功能，将上述轮廓进行拉伸实体操作，向上和向下都拉伸 15mm，上半部分用来进行手机上壳的建模操作，下半部分用来进行手机下壳的建模操作。"拉伸"对话框如图 3-122 所示。

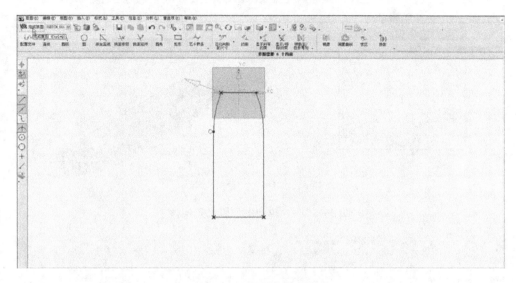

图 3-121　最终轮廓线

图 3-122　拉伸对话框

3）在"拉伸"对话框中输入数值并单击"确定"按钮后，拉伸出手机上壳的实体，效果如图 3-123 所示。

4）用同样的方法拉伸出手机下壳实体，效果如图 3-124 所示。

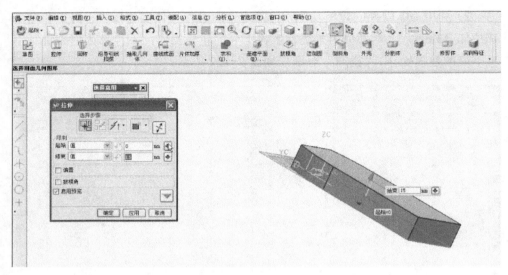

图 3-123　　拉伸出手机上壳实体

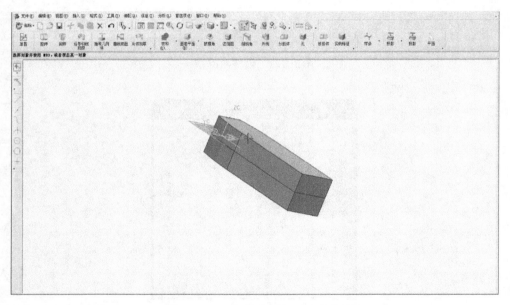

图 3-124　　拉伸出手机下壳实体

图 3-125 所示为拉伸好的手机上壳和下壳的实体部分。

5）对各个部分进行细化，来满足实际手机外形的曲面轮廓。如图 3-126 所示，利用艺术样条曲线在手机的上半壳部分用 6 个点将上半壳的顶面曲线绘制出来。

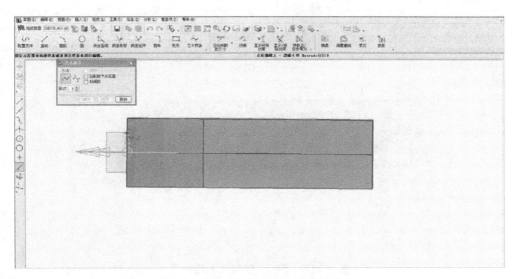

图 3-125 手机上下壳实体整体效果

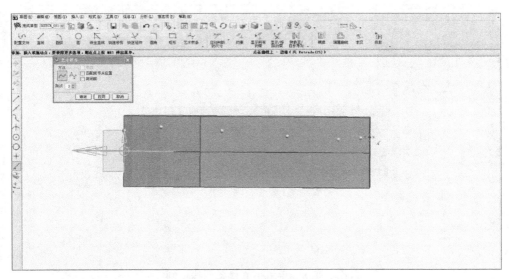

图 3-126 手机上壳曲面绘制

6）图 3-127 所示曲线为手机上壳轮廓曲面，由于样条曲线可后期调整，当鼠标接近设置点时，就会有一个圆圈显示，因此可通过圆圈进行相应段的曲线调整。

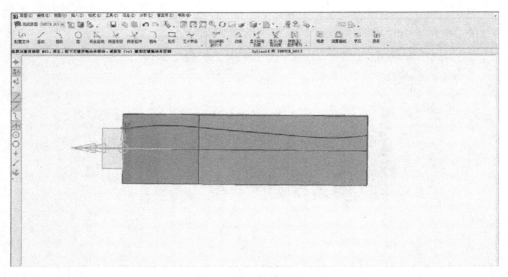

图 3-127　手机上壳样条曲线效果

7）同理，利用艺术样条曲线来进行下壳轮廓的绘制，效果如图 3-128 所示。

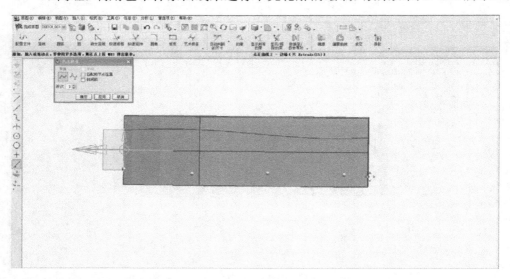

图 3-128　手机下壳样条曲线绘制

8）为了显示方便，按<Ctrl+J>组合键将实体透明化。以后会经常利用该种方法来方便建模操作。单击"拉伸"按钮，将刚才绘制的两根样条曲线拉伸成平面。随后利用该平面将整个实体切割成上下两部分，分别为手机上下外壳的轮廓曲面，效果如图 3-129 所示。

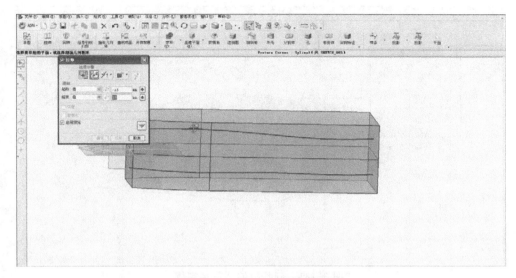

图 3-129　上下壳外轮廓曲面

9）拉伸曲线成曲面，效果如图 3-130 所示。

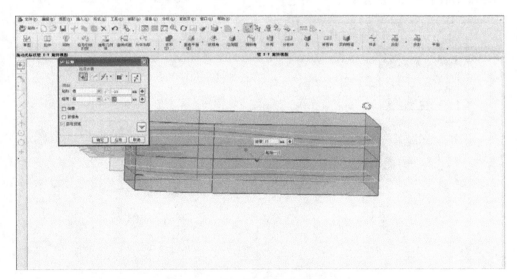

图 3-130　拉伸曲线成曲面

10）如图 3-131 所示，两条样条曲线已经被拉伸成贯穿于实体两侧的曲面了。注意，拉伸长度要适当延长，并使曲面贯穿于实体内部，防止切割体时造成错误。

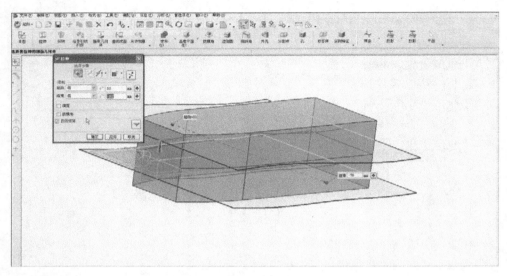

图 3-131　延长拉伸至贯穿实体

11）单击"修剪体"按钮，将实体上多余的部分修剪掉，留下曲面以下的部分，如图 3-132 所示。

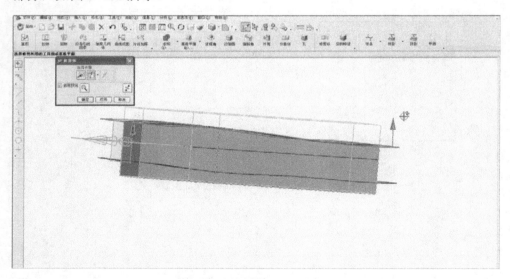

图 3-132　"修剪体"对话框

需要注意的是，当修剪手机壳体下半部分多余的实体时，有时会选择错误而误将需要的体剪掉，此时可以用到反向操作功能。单击"修剪体"对话框中的按钮，原操作会反向重新操作一遍，如图 3-133 所示。

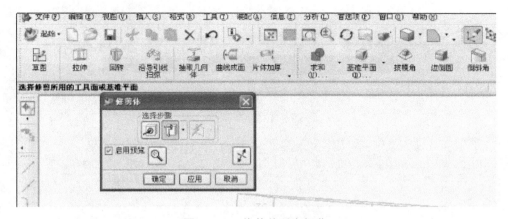

图 3-133　修剪体反向操作

12）按照之前的方法，在实体中间绘制上下壳交界处的曲面轮廓。同样用艺术样条曲线完成。之后将曲线拉伸成曲面，并分割实体为上下两部分，效果如图 3-134 所示。

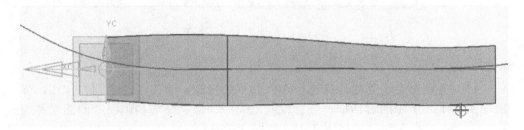

图 3-134　上下壳分界样条曲线

拉伸曲线成曲面，效果如图 3-135 所示。

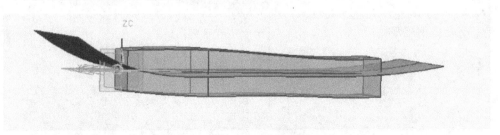

图 3-135　拉伸曲线成曲面

分割实体为上下两部分之后的效果如图 3-136 所示。

由于上下外壳接下来会有不同的操作，因此将上下外壳两部分用不同的颜色加以区分，效果如图 3-137 所示。

图 3-136　分割体

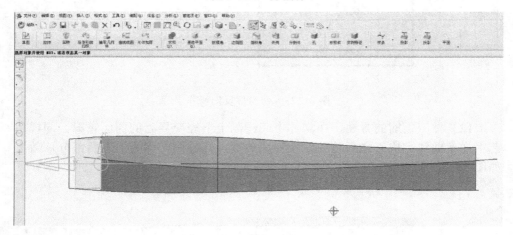

图 3-137　改变上下壳颜色

13）分别对上下壳的边缘进行边倒圆角的操作。单击"边倒圆"按钮，弹出如图 3-138 所示的对话框。分别设置上壳的顶部、底部和侧面的倒圆半径为 15mm、8mm 和 3.5mm，如图 3-139 和图 3-140 所示。

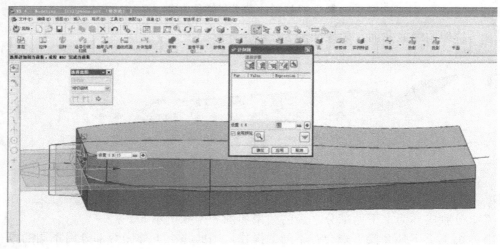

图 3-138　边倒圆——顶部

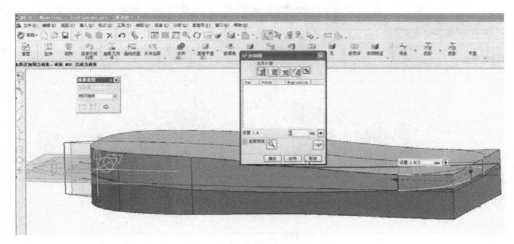

图 3-139　边倒圆——底部

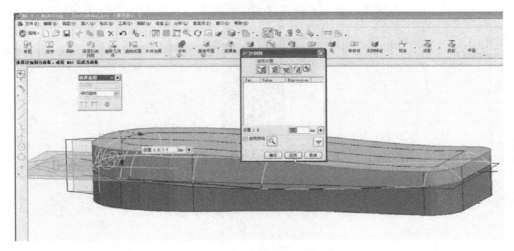

图 3-140　边倒圆——侧面

对上壳体进行边倒圆操作后的最终效果如图 3-141 所示。

14）对手机下壳也用同样的方法进行边倒圆角处理，最终效果如图 3-142 所示。

15）对手机上下外壳进行抽壳操作。抽壳操作就是将原有的带有曲面外形的实体变成一个保持原来曲面外形的腔体，即通常所说的壳体。抽壳后的手机才具有了真正意义上的上下壳。

首先选择单独显示下壳实体，如图 3-143 所示。

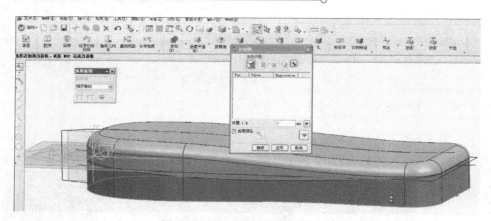

图 3-141 上壳边倒圆后的效果

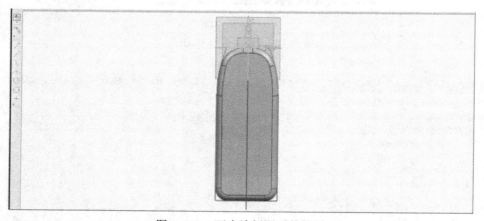

图 3-142 下壳边倒圆后的效果

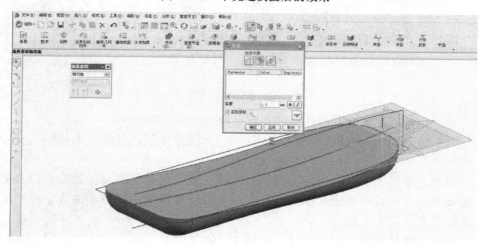

图 3-143 单独显示下壳实体

单击"外壳"按钮 ，在弹出的"外壳"对话框选择其中的第二项"移除面" ，然后在"厚度"文本框中输入"1.5"，此厚度即为壳体的最终壁厚，单击"确定"按钮后即生成壳体。图 3-144 所示为抽壳后的手机下壳体。

图 3-144　对下壳体进行抽壳

同理，对上壳进行抽壳操作，抽壳厚度为 1.5mm，效果如图 3-145 所示。

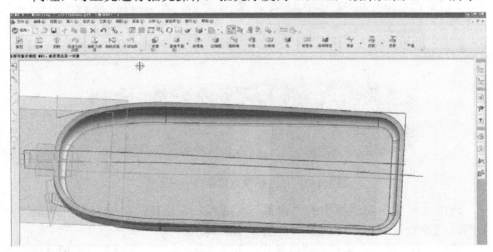

图 3-145　对上壳体进行抽壳

16）壳体做好后，可以进行上下外壳之间的卡扣设计。单击 按钮，选择手机上壳内侧边缘线，将该边缘线作为一组封闭线段，抽取出来作为后续操作的基本参数。所选择的曲线最后会高亮显示，如图 3-146 所示。

单击"拉伸"按钮，选择刚才抽取出来的线段进行拉伸操作。对曲线进行拉伸后形成的是片体。"起始"和"结束"数值显示的是拉伸片体的高度，如图 3-147 所示。

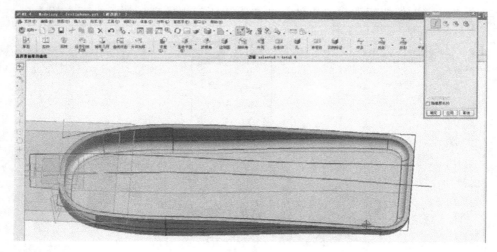

图 3-146　内侧边缘线抽取——上壳

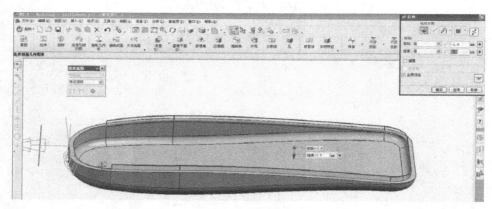

图 3-147　拉伸抽取的边缘线——上壳

选中"拉伸"对话框中的"偏置"复选框，会出现"起始"和"结束"文本框，此处就是增加片体的厚度，图 3-148 所示。

同理，对手机下壳进行同样的操作。不同的是，由于上下壳最终需要形成完整的封闭型腔，因此手机下壳的卡扣需要向下拉伸，主要是为了拉伸后的实体和原来的壳体做布尔减运算形成凹槽，与上壳突起的卡扣形成凹凸配合，进而锁在一起形成上下壳体的完全封闭，效果如图 3-149 所示。注意，下壳的凹槽厚度和上壳的卡扣部分厚度要设计稍厚一些，在后期的打印过程中，如果太薄，则打印效果不理想）

17）最终与手机下壳进行布尔减运算，进而形成凹槽，如图 3-150 所示。

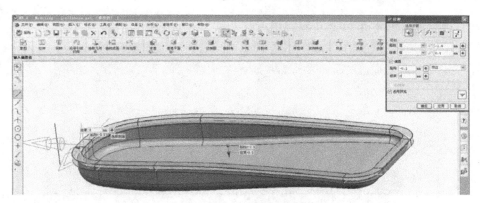

图 3-148 偏置一定厚度

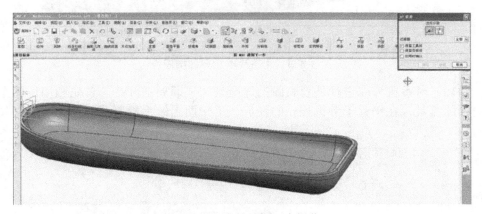

图 3-149 进行手机下壳操作

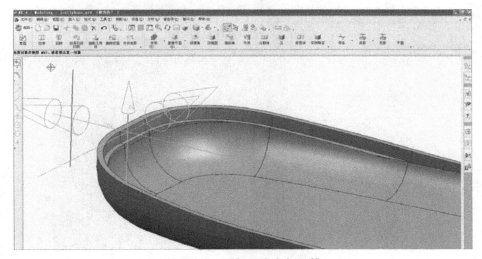

图 3-150 手机下壳卡扣凹槽

18）上壳的卡扣与下壳的凹槽进行匹配对接，如图 3-151 所示。

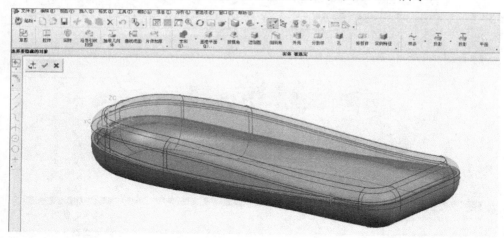

图 3-151　上下壳卡扣与凹槽配合

19）对手机外壳进行外观表面的造型设计，即局部开孔。首先利用草图里的绘图工具，在平行于手机外壳的任何一个平面上做手机屏幕的草图绘制，如图 3-152 所示。

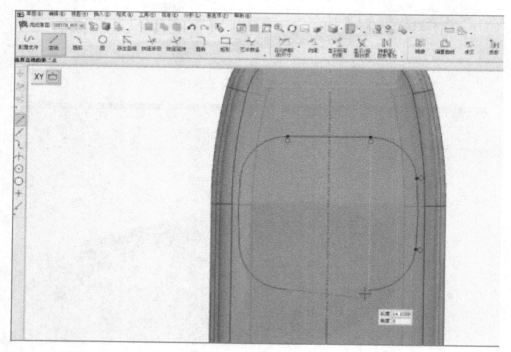

图 3-152　绘制手机屏幕轮廓线

绘制好后，将草图进行拉伸操作，如图 3-153 所示。

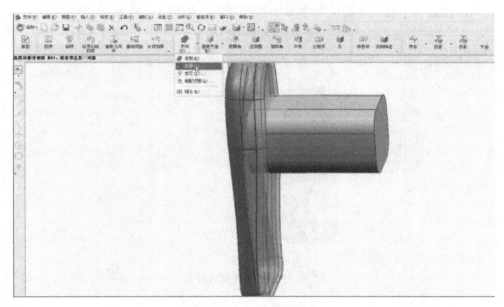

图 3-153 屏幕轮廓拉伸

拉伸操作完成后，与手机上壳进行布尔减运算，屏幕镂空最终效果如图 3-154 所示。

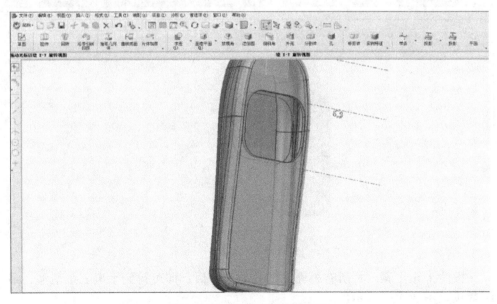

图 3-154 屏幕镂空最终效果

20）按照手机屏幕窗口的开设方式，进行手机按键的开口。步骤如下：在任意一平行于手机壳的平面上绘制草图，如图 3-155 所示。

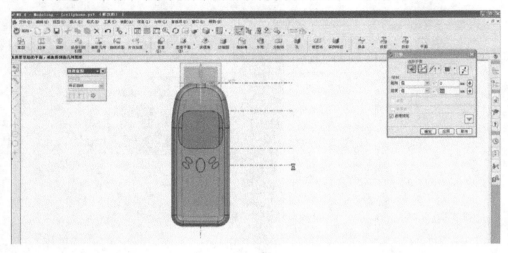

图 3-155　按键轮廓线绘制

将草图进行实体拉伸，拉伸后的实体与手机上壳进行布尔减运算最终效果如图 3-156 所示。注意，在进行布尔减运算时，目标体为上壳，如果下壳同样被选中，则按键孔同样会出现在下壳上。

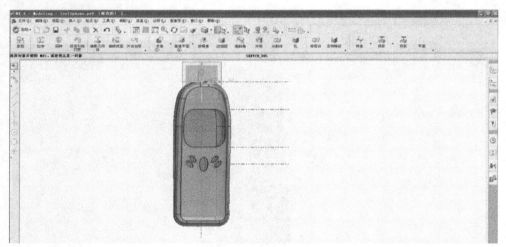

图 3-156　按键开孔

按照上述步骤，将所有外壳上的孔处理好后，即可得到手机三维造型，最终效果如图 3-157 所示。

图 3-157 最终效果图

最后，将该模型以 STL 格式进行导出。导出流程如下：

1）单击"文件"→"导出"→"STL"命令，弹出"快速成型"对话框，如图 3-158 所示。

图 3-158 单击"文件"→"导出"→"STL"命令

2）在"快速成型"对话框中选择默认选项即可，单击"确定"按钮，如图 3-159 所示。

3）在"导出快速成型文件"对话框的"文件名"文本框中输入"cellphone"，接着设置该文件的保存路径和位置（文件名及路径需全为英文），如图 3-160 所示。

4）单击 OK 按钮后，出现输入文件头信息，不需输入内容，直接单击"确定"按钮即可，如图 3-161 所示。

5）单击"确定"按钮后提示选择要保持的模型，选择后，被选择的模型会高亮显示，同时单击"√"按钮即可，如图 3-162 所示。

6）在随后出现的两个对话框中，分别单击"不连续"和"否"按钮即可，如图 3-163 所示。

7）在之前设置好的文件路径中进行查找，确认 cellphone.stl 文件导出无误，如图 3-164 所示。

图 3-159　单击"确定"按钮

图 3-160　输入 STL 文件名

图 3-161　单击"确定"按钮

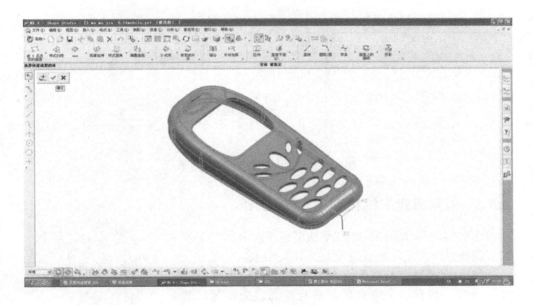

图 3-162　选择模型

图 3-163　单击"不连续"和"否"按钮

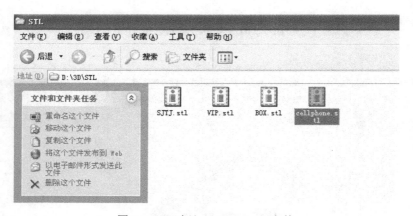

图 3-164　确认 cellphone.stl 文件

3.3.5　创意表盘三维模型建模过程

本节将介绍儿童表盘的三维造型建模及适合 3D 打印的特殊细节，最终效果图如图 3-165 所示。

该表盘模型包括盘面、1～12 的阿拉伯数字、秒针、分针、时针，分别打印后进行简易装配即可，适合用于学校 3D 打印教具、儿童对时钟的认知教学和娱乐使用。图 3-165 中带颜色的数字和指针可用不同

图 3-165　最终效果图

颜色的耗材打印实现，或者通过后期上色也可完成。

1．表盘部分造型

1）和上面的案例一样，选择任意一个草图画直径为 150mm 的圆形，然后利用建模功能中的拉伸命令将草图拉伸 2mm 厚作为表盘，如图 3-166 所示。

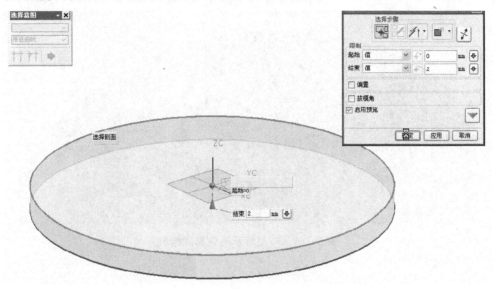

图 3-166　表盘

2）重新建立草图，选择刚画好的表盘作为草图平面，首先在草图上绘制两条相互垂直的中心线作为参考线，效果如图 3-167 所示。

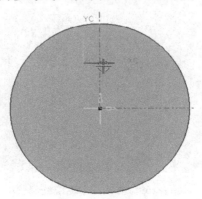

图 3-167　表盘十字参考线

3）在靠近上端的位置绘制直径为 5mm 的圆，效果如图 3-168 所示。

4）单击"修剪"按钮 ，将圆的右半部分裁剪掉，并用直线连接半圆的上下连接点形成封闭曲线，如图 3-169 所示。

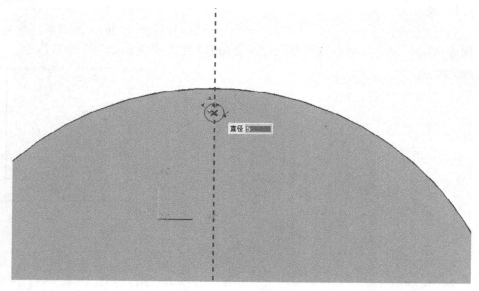

图 3-168　时刻标示的轮廓线绘制

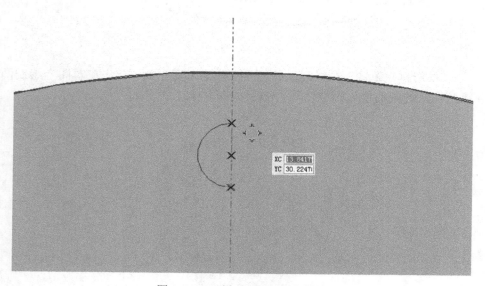

图 3-169　时刻标示轮廓线修整

5）单击"回转"按钮，并利用开始画好的竖线作为参考线，使半圆回转后形成一个封闭的球体，使球体的上半部分突出于表盘表面，这样就形成了表盘时刻整点的位置标示，如图 3-170 所示。

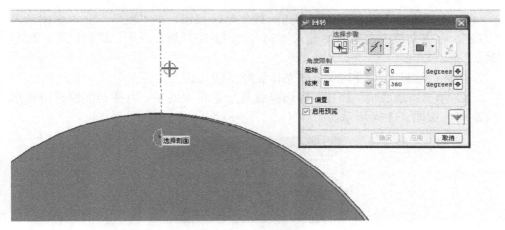

图 3-170　回转命令

6）单击"回转"按钮旋转成体之后的效果如图 3-171 所示。

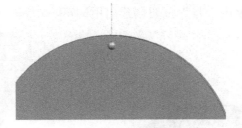

图 3-171　旋转成体

7）单击"实例特征"按钮 ，将 12 个时刻整点标示自动平均分布在表盘圆周上。具体操作如下：

① 单击"实例特征"按钮，在弹出的对话框中单击"环形阵列"按钮，如图 3-172 所示。

② 弹出如图 3-173 所示的对话框。

图 3-172　环形阵列命令

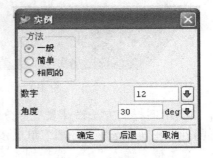

图 3-173　环形阵列对话框

③ 在"方法"选项区中选中"一般"单选按钮，在"数字"文本框中输入"12"，在"角度"文本框中输入"30"，使每 30°角有一个一样的特征，数量是 12 个。

注意：这里的 12 和 30 是事先计算好后输入进去。

8）单击"基准轴"按钮，即选择垂直于表盘面的轴，特征会围绕这个轴形成圆周，如图 3-174 所示。

图 3-174 单击"基准轴"按钮

在选择基准轴后，软件会自动生成预览效果，如图 3-175 所示。如果是自己满意的效果，则单击"是"按钮创建引用即可。

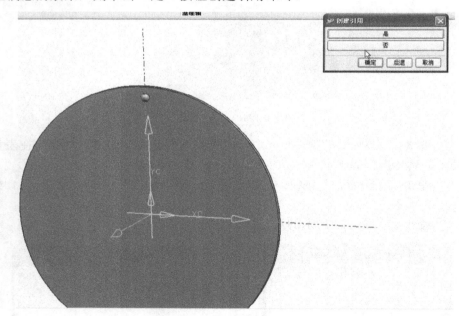

图 3-175 环形阵列后效果预览

9）用同样的方法设计表盘上分钟的标示，即为一分钟的刻度。同样利用环形阵列，在其中选中"一般"单选按钮，在"数字"文本框中输入"60"在"角度"文本框中输入"6"。选择刚才同样的基准轴，并单击"是"按钮创建引用。用这种方法形成表盘上的所有分钟刻度，如图 3-176 所示。

到此，表盘的造型设计完成，如图 3-177 所示。

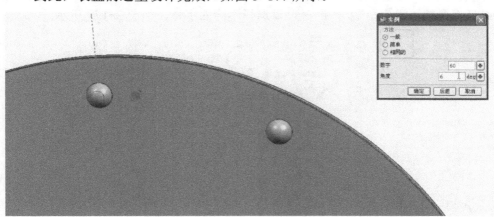

图 3-176　分钟刻度绘制

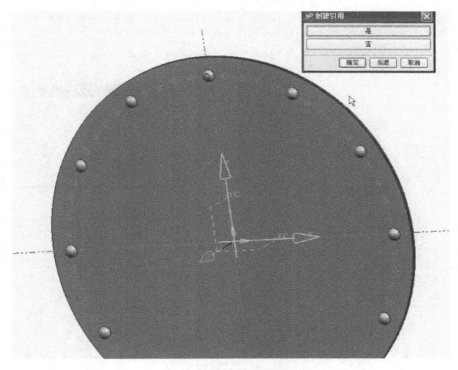

图 3-177　表盘效果预览

2. 表盘数字部分的造型设计

1）单击"插入"→"曲线"→"文本"命令，如图 3-178 所示。这时，软

件里出现了一个文本框"AaBbYyZz",在右侧出现了一个"文字"对话框,在
对话框中输入数字"12",同时可以选择不同的字体,如图 3-179 所示。

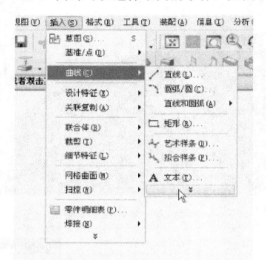

图 3-178　单击"插入"→"曲线"→"文本"命令

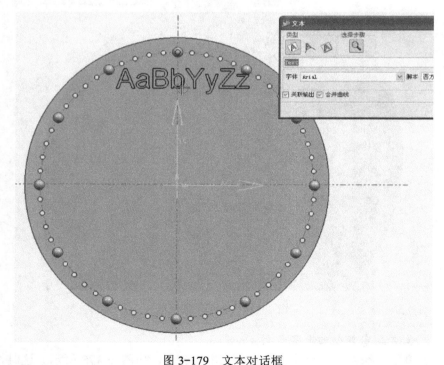

图 3-179　文本对话框

在表盘上插入数字，如图 3-180 所示。用数字周围的锚点调整数字的大小及位置。将数字拖曳到其对应的整点刻度的下方并与其对齐，如图 3-181 所示。

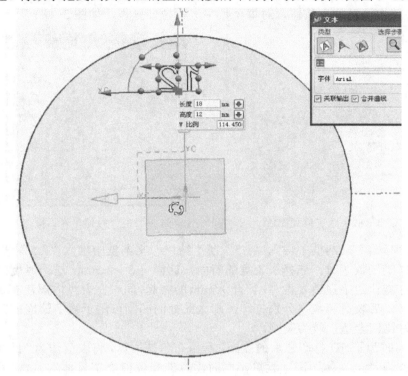

图 3-180　插入数字

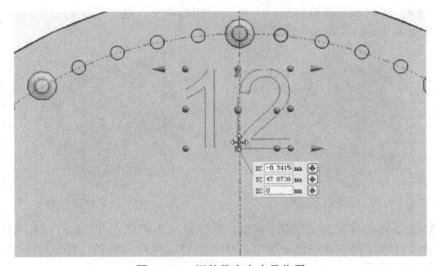

图 3-181　调整数字大小及位置

2）同理，绘制 1～12 个数字，并将每个数字调整到合适的位置，使 12 个数字靠近其对应的整点刻度，并与其他数字形成一个圆周，如图 3-182 所示。

3）单击"拉伸"按钮，对每个数字进行拉伸操作，如图 3-183 所示。

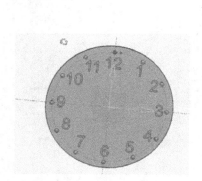

图 3-182　数字位置摆放

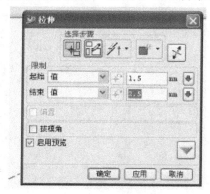

图 3-183　"拉伸"对话框

在"起始"文本框中输入"1.5"在"结束"文本框中输入"2.5"，因为开始在选择绘制数字时，选择了表盘的背面，这样 1.5～2.5mm 这个厚度的起始位置刚好能让数字穿透表盘，并且有 0.5mm 的突起，同时在表盘内部还有 0.5mm 的凹陷（以后表盘和数字分别打印，那么此处的凹陷可用于数字镶嵌的凹槽），这样正好比例合适，较为美观。

4）同时为了 3D 打印之后的装配，利用布尔减运算，将表盘作为"目标体"，将数字作为"工具体"进行运算，同时注意选择保留"工具体"。这样处理的结果，使得数字是单独的个体，而数字与表盘公共部分则形成了凹陷，这样可将不同颜色不同数字分别打印后，嵌入到凹陷体里，这样装配后的表盘会更加漂亮，如图 3-184～图 3-185 所示。

图 3-184　拉伸数字轮廓

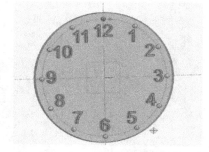

图 3-185　数字拉伸效果

5）为了模拟打印后的效果，可以在软件里事先配色，进行颜色方案的设计，方便后续打印过程中合理地分配不同颜色的打印顺序和数量，降低打印成本，如图 3-186 所示。

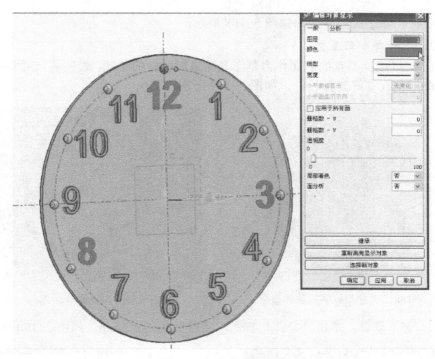

图 3-186　修改数字颜色

6）所需要的颜色可以根据颜色面板进行更改，如图 3-187 所示。

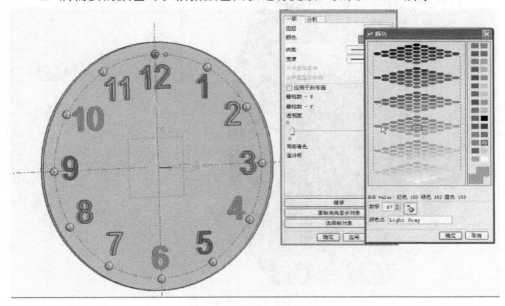

图 3-187　色板显示

表盘和数字的最终效果如图 3-188 所示。

3. 表针部分的造型

1）同样选择表盘的表面作为草图表面进行时针的绘制，表针的尺寸和局部轮廓根据个人喜好自行设计，如图 3-189 所示。

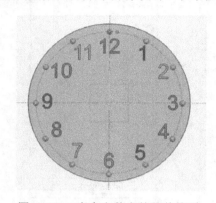

图 3-188　表盘和数字的整体造型　　　　图 3-189　表盘时针轮廓

2）退出草图，单击"拉伸"按钮，将时针拉伸 1.5mm，如图 3-190 所示。

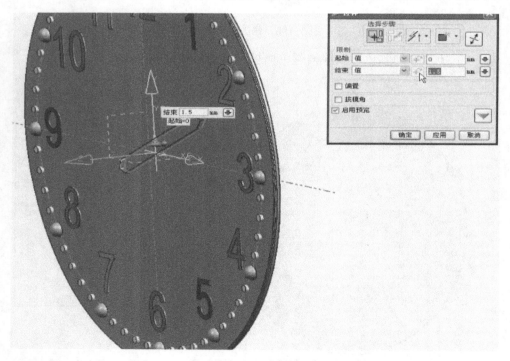

图 3-190　时针轮廓拉伸

3）同理绘制分针和秒针。需要注意的是，分针需要利用时针的上表面作为草图界面，而秒针的草图需要以分针的上表面作为草图界面，这是根据实际的装配顺序而决定的绘制顺序，如图 3-191 所示。

绘制表针的过程中需要注意，时针最短，分针最长，秒针需要画的细点，这样会显得整个表盘匀称美观。配色可以根据个人喜好进行，同时也需要考虑到实际耗材的颜色种类。如果耗材的颜色有限，则可后期进行上色调整，如图 3-192 所示。

图 3-191　绘制分针、秒针

图 3-192　整个时钟的整体造型

最后，将时钟模型以 STL 格式进行导出。导出流程如下：

1）单击"文件"→"导出"→"STL"命令，弹出"快速成型"对话框，如图 3-193 所示。

2）在"快速成型"对话框中选择默认选项即可，单击"确定"按钮，如图 3-194 所示。

3）在"导出快速成型文件"对话框的"文件名"文本框中输入"clock"，接着设置该文件的保存路径和位置（文件名及路径需全为英文），如图 3-195 所示。

4）单击 OK 后，出现输入文件头信息，不需输入内容，直接单击"确定"按钮即可，如图 3-196 所示。

5）单击"确定"按钮后提示选择要保持的模型，选择后，被选择的模型会高亮显示，同时单击"√"按钮即可，如图 3-197 所示。

6）在随后出现的两个对话框中，分别单击"不连续"和"否"按钮，如图 3-198 所示。

7）在之前设置好的文件路径中进行查找，确认 clock.stl 文件导出无误，如图 3-199 所示。

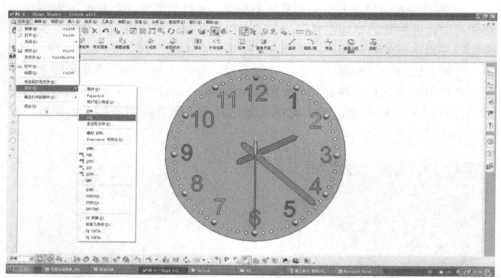

图 3-193　单击"文件"→"导出"→"STL"命令

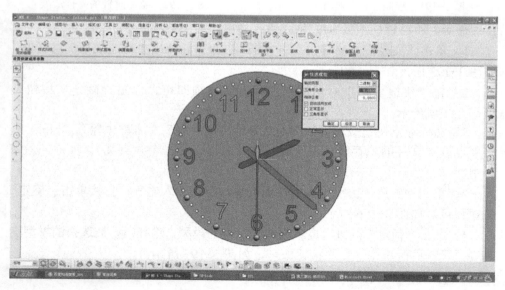

图 3-194　单击"确定"按钮

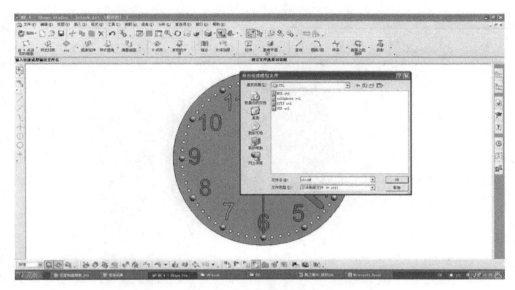

图 3-195　输入文件名

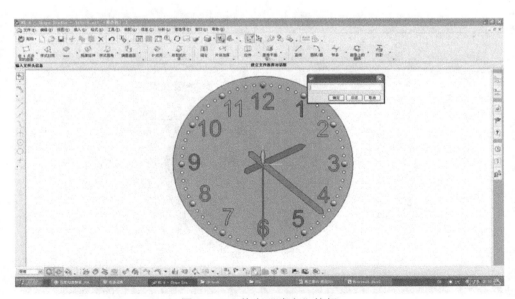

图 3-196　单击"确定"按钮

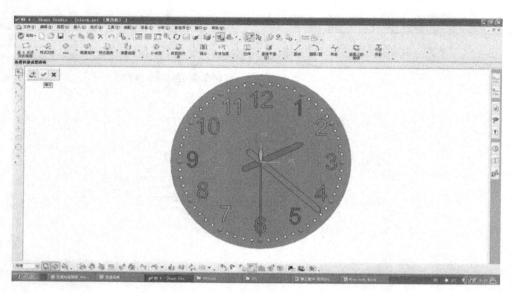

图 3-197　选择模型

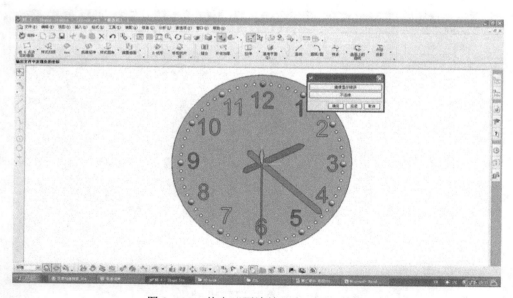

图 3-198　单击"不连续"和"否"按钮

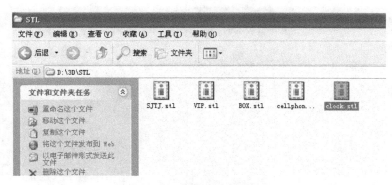

图 3-199　确认 clock.stl 文件

3.3.6　工业模型——压力容器三维模型的建模过程

本节将完成压力容器三维模型的建立。该压力容器采用 1:1 比例造型，在进行 3D 打印时，根据需要的实物模型大小调整输出比例即可。

1）在草图界面中利用相应的工具绘制草图。

压力容器的基本形状为圆形或椭圆形。进入草图界面，单击"圆"按钮，绘制一个直径为 2958mm 的圆作为压力容器筒体轮廓，如图 3-200 所示。

由于压力容器有壁厚，因此单击"偏置"按钮 🖼，直接在原来圆的基础上向外偏置 44mm，将曲线偏移，得出内圆，如图 3-201 所示。

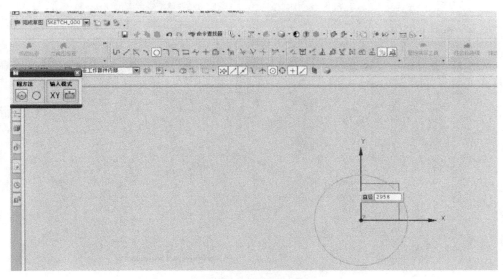

图 3-200　绘制筒体轮廓

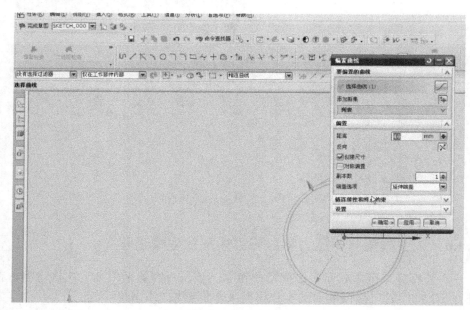

图 3-201　偏置曲线

2）同时选中上述两圆进行拉伸操作，如图 3-202 所示。在"拉伸"对话框中的"距离"文本框中输入"2860.6"，生成单节筒体，如图 3-203 所示。

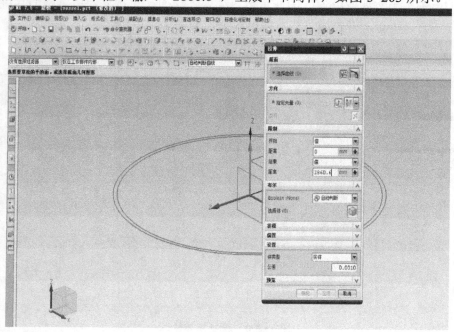

图 3-202　拉伸曲线

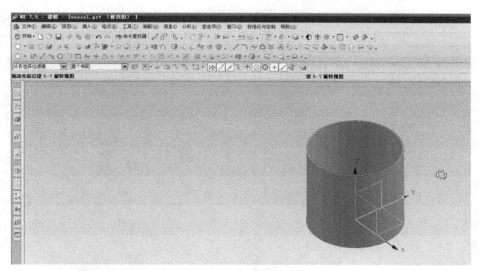

图 3-203　生成单节筒体

由于该压力容器由两节筒体组成，且直径相同，因此依然选择原来的圆形进行二次方向拉伸，形成第二节筒体，拉伸高度为"−1590"，如图 3-204 所示。因为是将筒体反方向拉伸，所以输入长度为负。

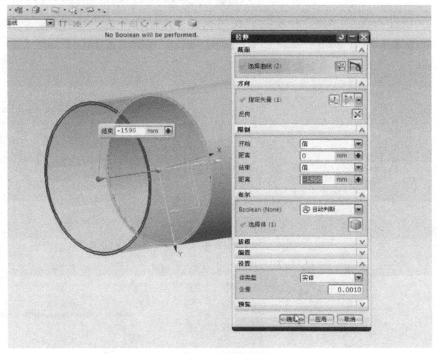

图 3-204　反向拉伸

为了便于区分，按<Ctrl+J>组合键，将两节筒体改成不同的颜色，如图 3-205 所示。

图 3-205　改变两节筒体的颜色

3）进行封头的建模。封头的建模思路是，绘制四分之一个椭圆，同样进行壁厚的偏置，然后单击"旋转"按钮，进行立体操作，如图 3-206 所示。

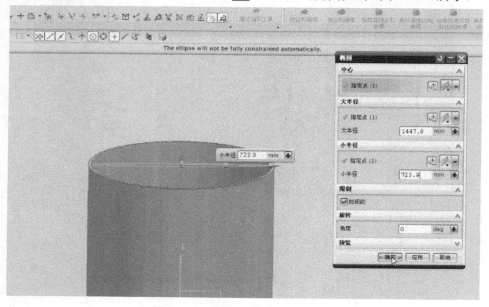

图 3-206　绘制椭圆形上封头轮廓

在"椭圆"对话框中的"大半径"和"小半径"文本框中分别输入"1447.8"和"723.9",然后生成一个整体的椭圆。注意,椭圆的圆心要和之前画好的筒体的端部的圆心重合,因为椭圆形封头要与筒体形成间隙配合,如图 3-207 所示。

图 3-207　实际椭圆轮廓

画好椭圆形后,进行 44mm 的偏置。单击"快速修剪"按钮将多余的椭圆部分剪掉,如图 3-208 所示。

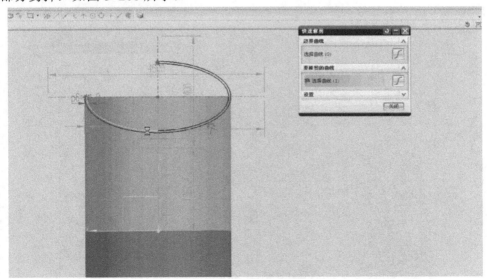

图 3-208　修剪多余曲线

当只剩下第一象限的两条弧线后,需要在两条弧线的封口处用直线连接,使其成为一个封闭的区域,这样才能保证接下来的旋转操作顺利形成实体,如图 3-209 所示。

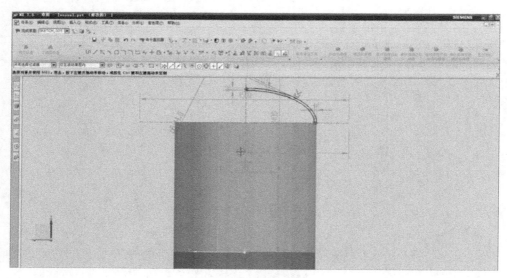

图 3-209　封闭曲线

4）单击"回转"按钮，将椭圆弧旋转成椭圆半球体，以此作为压力容器的上封头部分，如图 3-210 所示。

5）利用相同的方法建立压力容器下封头的模型并区分不同颜色，如图 3-211 所示。

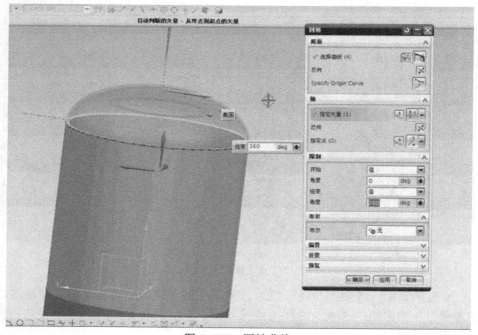

图 3-210　回转曲线

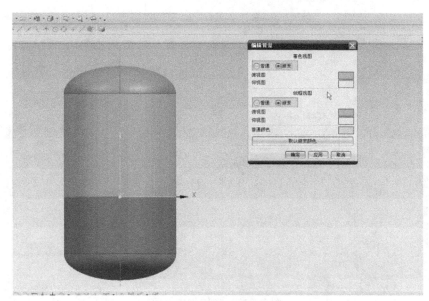

图 3-211　生成下封头

6）在上封头上端建立接管及法兰的造型。首先在上封头的中间位置画一条中心线，并利用鼠标右键将其转化成辅助线。接下来围绕辅助线做相关的接管操作，如图 3-212 所示。

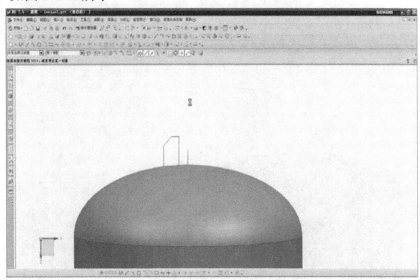

图 3-212　绘制接管轮廓线

在合适的位置绘制半个接管的草图，单击"旋转"按钮，绕着刚才画好的中心进行旋转，生成接管，如图 3-213 所示。

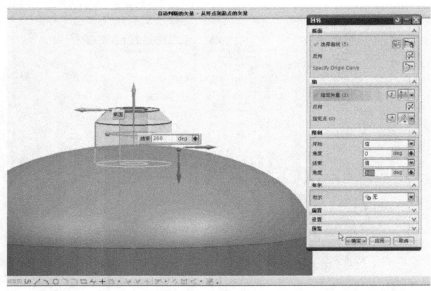

图 3-213　旋转生成接管

在接管的上段的中心位置开始绘制弯管的中心线的路径，并在该路径上的端部点绘制弯管的内外径圆，如图 3-214 所示。

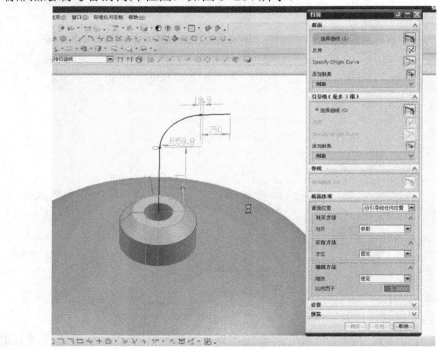

图 3-214　绘制引导线

当路径和内外径圆绘制好后，单击"扫掠"按钮，在界面曲线中选择内外径圆，在引导线中选择中心线路径，单击"确定"按钮后即可生成弯管模型，如图 3-215 所示。

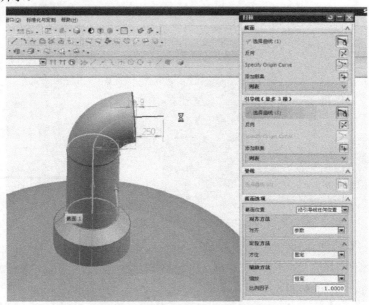

图 3-215　扫掠完成弯头接管

同理绘制弯管端部的接管法兰，在合适的位置绘制半个法兰的截面图，如图 3-216 所示。

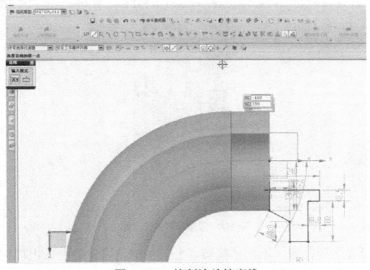

图 3-216　绘制法兰轮廓线

确定为封闭曲面后，进行回转操作，生成法兰，如图 3-217 所示。

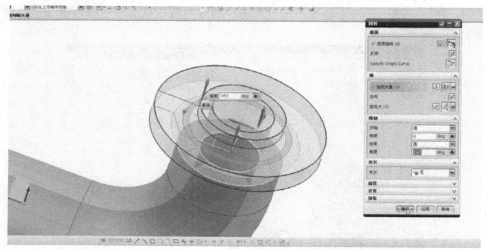

图 3-217　回转生成法兰

此时，上封头上端完整的接管法兰的立体模型就绘制好了。为了区分锻件和管件将其用不同的颜色加以区分。可以利用类似的方法绘制压力容器上所有的接管法兰，如图 3-218 所示。

图 3-218　生成其他接管法兰

为了后续方便打印，不同结构可以分开绘制，以便分别导出模型进行分开打印。如果整体进行绘制，在打印的过程中整体进行打印，则会出现某些部分悬空无法打印或需要上额外支撑，造成不必要的麻烦。如图 3-219 所示，不同的颜色代表不同的部分。

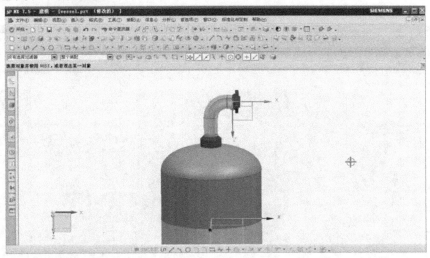

图 3-219　分开绘制

7）在筒体上刻字和开孔。首先，确定字的角度，从两节筒体的交汇处的截面圆心处引出一条直线，在直线的端点处输入一个垂直于直线的截面。此截面即是未来文字的方向面。

单击"插入"→"A 文本"命令，选择刚才建立好的平面，在该平面上插入文本。在"文本属性"文本框中输入要输入的文字，这里输入"A1"，代表该接管的位置名称，如图 3-220 所示。

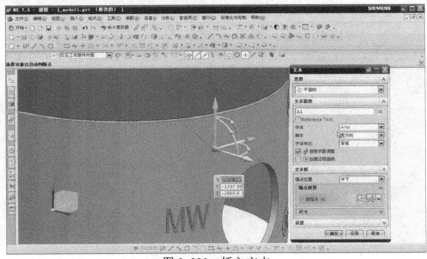

图 3-220　插入文本

单击"确定"按钮后，发现"A1"字样出现在了画面中，并且其周围有许多控制轴线和点，可以通过这些点去进一步调整文字的位置、方向和大小，如图 3-221 所示。

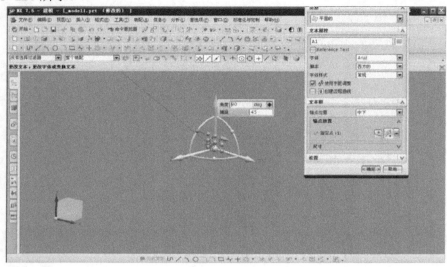

图 3-221　文字出现

通过拖曳轴上的箭头，可以实现前后、左右、上下的水平移动。通过旋转两轴之间的锚点，可以使文字旋转一定的角度。通过拖曳文字四周的锚点，可以放大或缩小文字的比例。通过一定的调整，使文字调整到合适的位置，便于以后进行拉伸和布尔运算，如图 3-222 所示。

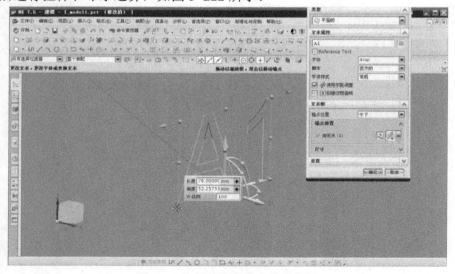

图 3-222　调整文本的大小及位置

通过前后的拖曳将文字调整到距离筒体一定的位置，然后利用拉伸命令将文字拉伸一定的厚度，使其嵌入到筒体壁厚有一定的深度，但不要完全穿透，如图 3-223 所示。

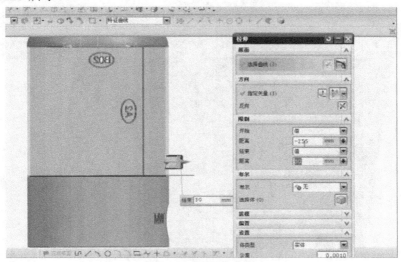

图 3-223　拉伸文本

随后要做布尔减运算，筒体作为目标体，文字作为工具体，进行减运算后使得被嵌入到筒体内部的区域变成镂空，筒体上出现所需文字效果，如图 3-224 所示。

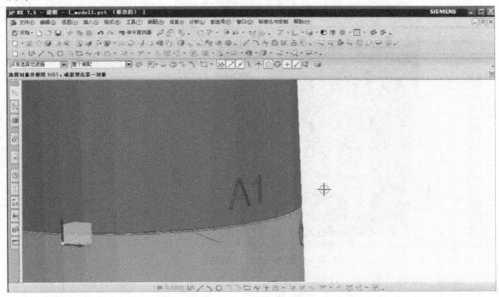

图 3-224　布尔减运算形成镂空文本

8）在 A1 附近开个孔，表示尺寸对应的孔位为 A1，原理同插入 A1 文字类似。先做一个辅助平面（该平面为了确定要开孔的方向），如图 3-225 所示。

图 3-225　确定辅助平面

然后在平面上绘制孔的截面圆（直径为 850mm），如图 3-226 所示。

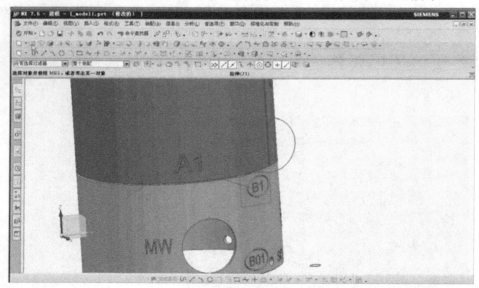

图 3-226　绘制孔

单击"拉伸"按钮，且使得拉伸的实体贯穿于筒体。与文字绘制不同的是，此处拉伸实体必须贯穿筒体，因为压力容器上的开孔处是要焊接接管与法兰的，有一定功能作用。而插入文字部分在实际压力容器制造环节是没有的，只是为了使模型美观而加上去的文字，如图 3-227 所示。

图 3-227　拉伸曲线

进行布尔减运算，简体作为目标体，圆柱实体作为工具体，如图 3-228 所示。

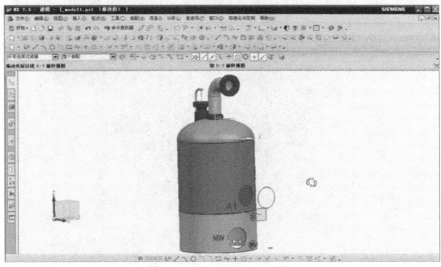

图 3-228　布尔减运算开孔

　　同理，筒体上的所有开孔及文字均按上述步骤完成即可。其中的一些接管法兰的造型过程详见封头上的接管法兰的绘制方法。最终完成效果如图 3-229 所示。

图 3-229　最终完成效果

　　立式压力容器下端要有一个裙座起到固定支承的作用，其上端与压力容器下封头对接，下端通过地脚螺栓与事先建立的水泥基础连接，如图 3-230 所示。

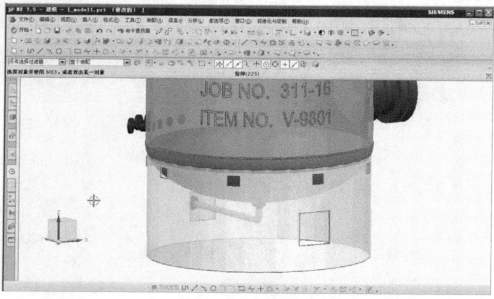

图 3-230　建立裙座造型

局部更换颜色可以区分不同材质不同结构的部件，效果如图 3-231 所示。

图 3-231　颜色搭配模拟

压力容器模型俯视图，如图 3-232 所示。

图 3-232　压力容器模型俯视图

最后，将压力容器模型以 STL 格式进行导出。导出流程如下：

1）单击"文件"→"导出"→"STL"命令，弹出"快速成型"对话框，如图 3-233 所示。

2）在"快速成型"对话框中选择默认选项即可，单击"确定"按钮，如图 3-234 所示。

3）在"导出快速成型文件"对话框的"文件名"文本框中输入"Pressure Vessel"，接着设置该文件的保存路径和位置（文件名及路径需全为英文），如

图 3-235 所示。

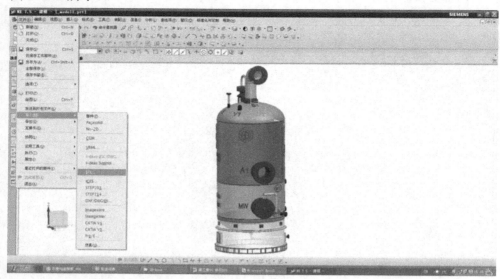

图 3-233　单击"文件"→"导出"→"STL"对话框

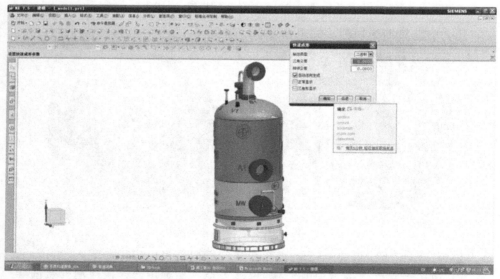

图 3-234　"快速成型"对话框

4）单击 OK 按钮后，出现输入文件头信息，不需输入内容，直接单击"确定"按钮即可，如图 3-236 所示。

5）单击"确定"按钮后提示选择要保持的模型，选择后，被选择的模型会高亮显示，同时单击"√"按钮即可，如图 3-237 所示。

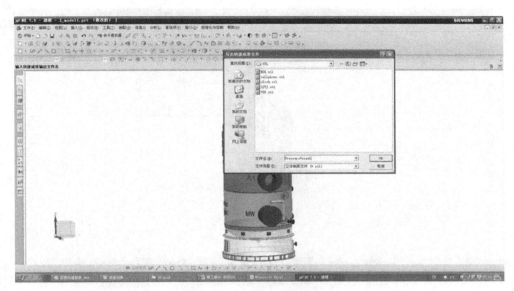

图 3-235　输入 STL 文件名

图 3-236　单击"确定"按钮

6）在随后出现的两个对话框中，分别单击"不连续"和"否"按钮，如图 3-238 所示。

7）在之前设置好的文件路径中进行查找，确认 PressureVessel.stl 文件导出无误，如图 3-239 所示。

图 3-237　选择模型

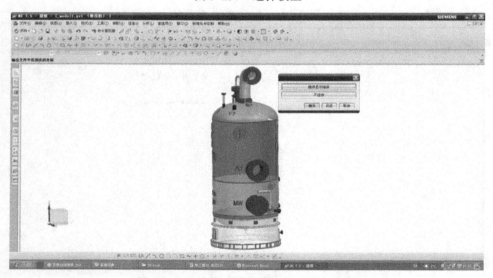

图 3-238　单击"不连续"和"否"按钮

图 3-239　确认 PressureVessel.stl 文件

第 4 章 桌面级 3D 打印机的结构及功能

4.1 桌面级 3D 打印机与工业级 3D 打印机的区别

1. 打印速度

打印速度是工业级 3D 打印机和桌面级 3D 打印机的重要区别，由于桌面级 3D 打印机在成本上的限制，多采用 16 位和 32 位芯片作为主控芯片，数据处理速度难以和工业级 3D 打印机 64 位的芯片相比。采用 SLA 技术的桌面级 3D 打印机的扫描速度最多为 1m/s，而专业级可达 7～15m/s。

2. 打印尺寸

3D 打印机支持的打印模型尺寸越大，价格越高，打印机的体积也较大，以适合于规模化的生产。工业级 3D 打印机的体积增大，导致系统复杂性成倍提高，材料成本增加，测试、安装、运输、维护费用高昂，尤其是在保持可靠性的前提下，每个零部件的指标都更加苛刻，这样才能保证整机的打印精度和稳定性。现在市场上绝大部分的桌面 3D 打印机只能打印体积比较小、一般成型尺寸在 30cm×30cm×30cm 以下的模型。打印体积较大的模型只能选择工业级别的机器或者分割成不同的文件进行打印，再进行后期的拼接工序。

3. 精度

现阶段桌面级 3D 打印机的精度在 0.1mm 左右，打印出来的产品会有很明显的分层感。工业级 3D 打印机的精度则可以精确到几微米。

4. 材料

对于工业级 3D 打印机来说，目前可以用于打印的材料已经较为丰富，使用激光或高能电子束的高温，对材料进行烧结（如塑料、金属、尼龙），甚至可以打印类似木材、玻璃。而对于桌面级来说，目前能使用的材料还仅限于 ABS、PLA、HIPS 等塑料材质，这也限制了桌面级 3D 打印机的适用范围。因此，工业级 3D 打印机的价格要比桌面级 3D 打印机昂贵。图 4-1 所示为桌面级 3D 打印机和工业级 3D 打印机。

图 4-1　桌面级 3D 打印机和工业级 3D 打印机

4.2　三角洲 3D 打印机

4.2.1　三角洲 3D 打印机的发展史

三角洲 3D 打印机之所以得名，是因为从上往下看这种 3D 打印机大致呈一个三角形，属于 Delta 架构的机器。图 4-2 所示为 XYZ 平台结构和三角洲 3D 打印机。

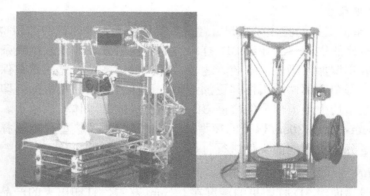

图 4-2　XYZ 平台结构和三角洲 3D 打印机

通过第 1 章了解到了开源 3D 打印机的相关知识，孟德尔 3D 打印机对于开源打印机的发展有非常重要的促进作用。受孟德尔 3D 打印机的影响，Helium Frog 博士把机器人式的运动方式引入 Reprap 3D 打印机中，制作了初始的并联臂 3D 打印机原型并进行了软硬件的验证，称其为"Helium Frog Delta Robot"。2012 年，Johann 依据 Helinum Frog 的验证研发了一款并联 3D 打印机，并以家乡的名字命名这款 3D 打印机，称其为 Rostock。经过了几代的改进，从最早的"Helium Frog Delta Robot""Rostock"逐步过渡到 Kossel 三角洲 3D 打印机。了解 Kossel 3D 打印机的 DIY 知识，请参考机械工业出版社书籍《3D 打印机轻松 DIY》。

三角洲 3D 打印机的制作和安装比较方便，与其他结构的 3D 打印机的基本原理相似，操作也大同小异。这里以基于 FDM 原理的三角洲 3D 打印机为例进行打印。

4.2.2　三角洲 3D 打印机的功能

三角洲 3D 打印机各部分的结构如图 4-3 所示。

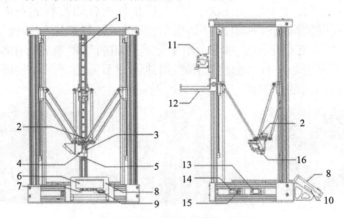

图 4-3　三角洲 3D 打印机各部分的结构

1—打印臂导轨 2—进料口 3—散热片 4—加热机构（加热块、加热棒和感温器）　5—加热喷嘴 6—显示屏
7—重置按钮 8—操作面板 9—旋转按钮 10—SD 卡插口 11—送料机构 12—料盘架 13—数据线接口
14—电源开关 15—电源适配器接口 16—冷却风扇

下面对三角洲 3D 打印机的主要功能进行详细介绍。

1）电源部分：将 3D 打印机置于平整桌面上，连接 3D 打印机所配备的适配电源输出端至打印机电源插座。打印前一定要插接牢固，防止打印中途发生故障。注意插座接地。完成电源连接后，打开 3D 打印机开关，3D 打印机液晶显示屏显示"欢迎"界面并进入准备就绪状态。

2）SD 卡：一般的桌面 FDM 3D 打印机都使用标准尺寸为 32mm×24mm×2.1mm 的通用 SD/SD-HC 卡，很多 3D 打印机不支持容量小于 2GB 和大于 32GB 的 SD 卡。在使用 SD 卡前，需要将 SD 卡格式化为 Fat32 格式。

3）数据线接口：FDM 3D 打印机基本支持在线打印和离线打印两种工作模式。离线打印只需将打印文件复制到 SD 卡内，将 SD 卡插入 3D 打印机 SD 卡槽即可；若需使用在线打印模式，则可以使用高速 USB 方形接口的数据线连接打印机与计算机，插入打印机数据线接口，如图 4-4 所示。

图 4-4 数据线接口

注意，在线打印受环境影响较大，会发生打印中断的问题，建议尽量采用 SD 卡脱机打印。

4）加热床（打印平台）：FDM 3D 打印机根据打印材料的不同，对加热床是否加热可根据情况进行判断，针对 PLA 打印材料，加热床加热或不加热均可，而 ABS 打印材料必须采用加热床，用来防止打印的模型翘边。在购买 3D 打印材料时，厂家都会备注打印温度范围和加热床调节范围。图 4-5 所示为几种常见 FDM 3D 打印机的加热床。

图 4-5 FDM 3D 打印机的加热床

为保证打印效果，打印前需要确保 3D 打印机加热床的平整、清洁。为防止打印模型翘边、底层粘结不牢、打印大型零件时发生位移，还可以采取多种方法增加和加热床的粘结效果。一般会在平台上贴上一层胶带（美纹纸），这样不仅可以隔热，而且能帮助模型更好地与平台粘结。两条胶带之间可以有细小的缝隙，但是不要重叠。粘贴时要将美纹纸粘贴平整，完整覆盖加热床打印区域。

有的爱好者使用发胶、手喷胶或手工白乳胶等胶水类来提高打印件在打印平台的黏着力，甚至打印 PLA 材料时并不需要加热。注意，选择此类胶水应多次试验，既保证粘结强度，又保证打印后模型容易取下。

1. 3D 打印机的送料结构

FDM 3D 打印机的结构一般分为远程送料和近程送料两种。远程送料结构中的送料电动机、挤出机和打印喷头是分离的，送料电动机和挤出机将打印材料通过送料管远程送到打印喷头，目的是提高喷头打印的稳定性。一般 FDM 三角洲都采取远程送料结构。近程送料结构将打印喷头、挤出机设计在一起。图 4-6 所示为远程送料结构和近程送料结构。

图 4-6　远程送料结构和近程送料结构

2. 3D 打印机喷头（打印头和挤出头）构造组成

3D 打印机喷头由喷嘴和喷头加热机构、喷头冷却风扇等部分组成，如图 4-7 所示。

图 4-7　3D 打印机喷头系统

3D 打印机最重要的部件就是加热喷嘴，没有喷嘴 3D 打印机就无法进行工作，也不能保证打印材料的供应。喷头最底端为铝制或铜制喷嘴，连接部件为 PEEK 材料，内部为 PTFE 管贯穿喷嘴和 PEEK 材料。喷嘴直径可以选择 0.3mm、0.4mm、0.5mm，如果 3D 打印机需要高精度的打印质量，则可以选择小直径喷嘴；如果不追求精度，只要求高速打印，则可以选择直径大的喷嘴；如果兼顾打印速度和打印质量，则需要折中选择。

喷头加热机构包括感温器、加热棒和加热块，加热块的上端与送料管的下端连通，加热棒的一端与加热块连接，感温器则放置在加热棒上。

喷头装置还包括冷却风扇，风扇的个数为 1 个或者 2 个，以避免喷头过热产生断丝现象。采用双风扇冷却系统效果更好。

4.2.3　3D 打印机液晶显示屏菜单

3D 打印机的菜单功能都很相似，3D 打印机通电就绪后，显示屏显示数据信息，显示屏旁边有用于操作的旋转按钮，可以对菜单里的选项进行选择和确认，如图 4-8 所示。

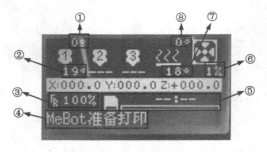

图 4-8　打印机显示屏状态

液晶屏显示数据说明如下。

① 挤出头预设的温度：显示在打印机软件中预先设置的挤出头温度。

② 挤出头当前温度：显示挤出头当前实时的温度。

③ 打印速度百分比：可以调节当前打印速度，数字越小，比例越低，打印速度越慢；反之，数字比例越高，打印速度越快。

④ 打印机当前工作状态：提示打印机当前正在进行的工作。

⑤ 任务计时及进度条：显示打印任务打印了多长时间，下面的进度条则显示打印进度完成了多少。

⑥ 散热风扇工作效率：显示挤出头旁边的风扇工作效率的高低。

⑦ 加热床实际温度：显示加热床真实的温度。

⑧ 加热床预设温度：显示加热床在打印软件中预设的温度。

图 4-9　"信息"界面

按下旋转按钮，弹出图 4-9 所示的"信息"界面。在"信息"界面中有"准备""控制""由存储卡"3 个选项。

1. "准备"选项

旋转面板旋钮，选择"准备"选项，轻按一下"确认"，进入"准备"选项，如图 4-10 所示。

"准备"选项的 6 个选项功能如下。

1）关闭步进驱动：用来关闭步进电动机。

2）自动回原点：有时挤出头并非停留在原点位置，该功能可以使打印机挤出头自动回到设定的原点。

3）预热 PLA：按 PLA 材料的工作温度进行预热；预热可以挤出上次打印的残料，防止打印机堵头，方便进料。

4）预热 ABS：按 ABS 材料的工作温度进行预热。

5）降温：加大风扇工作速度，对挤出头进行降温。

6）移动轴：选择"移动轴"选项，弹出图 4-11 所示的移动轴子菜单。该菜单具有 3 个选项，分别为"移动 10mm""移动 1mm""移动 0.1mm"。

选择"移动 10mm"选项，该选项下包括 4 个选项，分别为"移动 X""移动 Y""移动 Z"和"移动 E"。以移动 X 轴为例，调至该选项，然后确认进入该选项，旋转按钮，打印头在 X 轴方向上的移动距离会以 10mm 为间隔变化。类似，在"移动 1mm"选项下以 1mm 为间隔变化，"移动 0.1mm"以 0.1mm 为间隔变化。在打印过程中，会经常选择"移动 1mm"选项中的"移动 Z 轴"，这样可以方便地调节打印头与打印平台的距离。注意，在调节过程中，如果打印头逐渐接近打印平台，就要换用"移动 0.1mm"来调节，以防止打印头和平台离得太近，造成某些打印机的玻璃打印平台损坏，如图 4-12 所示。

图 4-10 "准备"选项 　　图 4-11 移动轴子菜单 　　图 4-12 "移动轴"选项

2. "控制"选项

选择"控制"选项，按下 3D 打印机旋转按钮，系统出现"控制"选项。该选项中有"温度""运动""LCD contrast""恢复出厂设定"4 个选项，如图 4-13 所示。

1）温度：选择该选项，系统弹出温度控制菜单，该菜单中包括"挤出头""热床""风扇速度"和"自动控温"几个选项，如图 4-14 所示。挤出头和加热床温度除了在 3D 打印软件中设定之外，还可以利用此功能在打印之前进行调节。在打印过程中，如果发现出丝不顺利，则可以随时进行挤出头温度的调节。调节风扇速度可以加速打印喷头降温。

图 4-13 "控制"选项 　　图 4-14 温度控制菜单

2）运动：用以调节 X、Y、Z、E 四轴和风扇的转动速度，推荐使用默认设置。

3）LCD contrast：用以调节显示屏对比度，使显示屏的亮度发生变化。

4）恢复出厂设定：选择该选项，个人进行的设置将全部消失，使 3D 打印机恢复到出厂设置状态。

3."由储存卡"选项

选择"由储存卡"选项，屏幕将显示 SD 储存卡中用户的 G-code 可打印文件，如图 4-15 所示。调节旋钮，可上下选择需要打印的文件，按下旋钮确认，打印机的打印头和平台开始升温，当打印头和打印平台达到预定温度后，打印机就正式开始打印的工作。

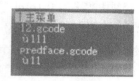

图 4-15　"由存储卡"选项

第 5 章 3D 打印机实际操作

5.1 3D 打印材料

5.1.1 3D 打印材料的分类

1. 按材料的物理状态分类

3D 打印材料按照物理状态不同，可以分为液体材料、薄片材料、粉末材料、丝状材料等。

液态材料：主要为 SLA（DLP）原理的 3D 打印机采用的光敏树脂材料。

固态粉末：主要为 SLS 原理的 3D 打印机所采用的非金属（蜡粉、塑料粉、覆膜陶瓷粉、覆膜砂等）和金属粉（覆膜金属粉）材料。

固态片材：主要为 LOM 原理的 3D 打印机所采用的纸、塑料、陶瓷箔、金属铂+粘结剂等。

固态丝材：主要为 FDM 原理的 3D 打印机所采用的蜡丝、ABS、PLA、HIPS 等。

2. 按材料的化学性能分类

3D 打印材料按化学性能不同，可以分为树脂类材料、石蜡材料、金属材料、陶瓷材料及其复合材料等。

3. 按材料的成型方法分类

3D 打印材料按成型方法的不同，可以分为 SLA 材料、LOM 材料、SLS 材料、FDM 材料等。

5.1.2 3D 打印材料的基本要求

1. 3D 打印对材料性能的一般要求

有利于快速、精确地加工原型零件；快速成型制件应当接近最终要求，应尽量满足对强度、刚度、耐潮湿性、热稳定性能等的要求；应该有利于后续处理工艺。

2. 不同应用目标对材料性能的要求

3D 打印的 4 个应用目标：概念型、测试型、模具型、功能零件，对成型材料的要求也不同。

1）概念型应用对材料成型精度和物理化学特性要求不高，主要要求成型速度快。例如，光敏树脂材料要求较低的临界曝光功率、较大的穿透深度和较低的黏度。

2）测试型应用对于成型后的强度、刚度、耐温性、抗蚀性能等有一定要求，以满足测试要求。如果用于装配测试，则要求成型件有一定的精度要求。

3）模具型应用要求材料适应具体模具制造要求，如强度、硬度。

4）功能零件要求材料具有较好的力学和化学性能。

5.1.3 常见 3D 打印材料

1. 金属材料

金属良好的力学强度和导电性使得人们倾向对金属物品的打印。金属材料一般用于工业级别的机型。就成型技术而言，选择性激光烧结技术（SLS）、直接金属激光烧结技术（DMLS）、电子束熔融技术（EBM）技术都有相对应的金属材料。这些成型技术一般需要使用粒状物料进行成型，材料状态一般都为粉末。金属材料品种比较多，如铝、铁、钢、银、金、钛等。图 5-1 所示为金属材料在工业 3D 打印上的应用。

3D 打印发动机部件　　　3D 打印飞机框缘部件　　　3D 打印涡轮零件

3D 打印零部件　　　选择性激光烧结　　　激光熔敷叶片

图 5-1　金属材料在工业 3D 打印上的应用

1）不锈钢材料：不锈钢材料是一种加入了铜成分的不锈钢粉。不锈钢打印在金属打印上是价格最便宜的一种打印形式，打印的成品既具有高强度，又适合打印大物品。不锈钢具有各种不同的光面和磨砂面，常被用作珠宝、功能构件和小型雕刻品等 3D 打印。材料颜色一般为银白色，材料的熔点为 660℃。

2）尼龙铝材料：尼龙铝材料由一种灰色铝粉及腈纶混合物制作而成，通过

SLS 技术进行打印，使打印出的成品赋有金属的光泽。尼龙铝是一种高强度并且坚韧的材料，做成的样件能够承受较小的冲击力，并能在弯曲状态下抵抗一些压力。该材料应用于家电、汽车制造、航空航天、医疗器械等领域。

3）钛合金材料：采用 3D 打印技术制造的钛合金零部件，强度非常高，尺寸精确，能制作的最小尺寸可达 1mm，而且其零部件机械性能优于锻造工艺。英国的 Metalysis 公司利用钛金属粉末成功打印了叶轮和涡轮增压器等汽车零件。此外，钛金属粉末耗材在 3D 打印汽车、航空航天和国防工业上都将有很广阔的应用前景。

4）镁铝合金：镁铝合金因其质轻、强度高的优越性能，在制造业的轻量化需求中得到了大量应用。在 3D 打印技术中，成为各大制造商所中意的备选材料。

5）镓材料：镓（Ga）主要用作液态金属合金的 3D 打印材料，它具有金属导电性，其黏度类似于水。不同于汞（Hg），镓既不含毒性，也不会蒸发。镓可用于柔性和伸缩性的电子产品，液态金属在可变形天线的软伸缩部件、软存储设备、超伸缩电线和软光学部件上得到了应用。

6）镓-铟合金：北卡罗莱纳州立大学化学和生物分子工程的副教授 Michael Dickey 利用镓（Ga）与铟（In）的液态金属合金通过 3D 打印技术在室温下创造了一种三维的自立式结构，这一技术在 3D 打印中被用于连接电子部件。

2. 尼龙玻纤

尼龙玻纤是一种白色的粉末，比起普通塑料，其拉伸强度、弯曲强度有所增强，热变形温度以及材料的模量有所提高，材料的收缩率减小，但材料表面变粗糙，冲击强度降低。该材料应用于汽车、家电、电子消费品等方面，材料颜色一般为白色。

3. 树脂材料

作为立体光固化成型的重要原料，树脂材料种类繁多，有透明的、半固体状的，可用来制作中间设计过程模型，且成型精度要高于 FDM 技术，可用来制作生物模型、医用模型或者首饰等模具制作。树脂材料及打印模型，如图 5-2 所示。

图 5-2　树脂材料及打印模型

4. 石膏材料

石膏材料感觉很像岩石，打印的模型色彩清晰但易碎，可进行浸润处理。使用该材料打印的成品在处理完毕后，表面可能会出现细微的颗粒效果，在曲面表面出现细微的类似年轮状的纹理。石膏材料应用于动漫、玩偶、建筑等行业，材料热变形温度为 200℃。图 5-3 所示为石膏材料打印的成品。

图 5-3　石膏材料打印的成品

5. 陶瓷材料

3D 打印用的陶瓷材料是陶瓷粉末和某一种粘结剂粉末所组成的混合物。由于粘结剂粉末的熔点较低，激光烧结时只是将粘结剂粉末熔化而使陶瓷粉末粘结在一起。在激光烧结之后，需要将陶瓷制品放入到温控炉中，在较高的温度下进行后处理。陶瓷材料具有高强度、高硬度、耐高温、低密度、化学稳定性好、耐腐蚀等优异特性，在航空航天、汽车、生物等行业有着广泛的应用。但由于陶瓷材料硬而脆的特点使其加工成型尤其困难，特别是复杂陶瓷件需通过模具来成型，模具加工成本高、开发周期长。

5.1.4　FDM 原理 3D 打印机常用打印材料

FDM 原理的 3D 打印机适用范围广，材料一般以 ABS、PLA、HIPS 线材为主，其中 ABS、PLA 最为常用。

1. ABS 打印材料

ABS 材料的打印温度为 210～240℃，加热平台适合的温度为 80℃以上。ABS 的玻璃转化温度（开始软化的温度）为 105℃。图 5-4 所示为 ABS 打印材料。

图 5-4　ABS 打印材料

在材料的性质方面，ABS 塑料容易打印。一般打印机的挤出机都会滑顺地挤出材料，不必担心堵塞或凝固。这种材料具有遇冷收缩的特性，会从加热板上局部脱落、悬空，造成打印模型翘边。如果打印的物体高度很高，有时还会整层剥离。因此，ABS 材料的打印平台必须采取 80℃以上的温度加热。为保证打印质量，使用四面封闭的打印机进行打印，打印房间的温度不能太低，温度过低会促使材料冷却，导致收缩。

如果对 ABS 材料以适当的温度进行打印，使底层材料黏住打印平台，则 ABS 的强度就会变得相当高。ABS 打印模型具有柔软性，即使承受压力发生弯曲，也不会折断。

ABS 材料最大的缺点是打印时会产生强烈的气味，建议在通风良好的环境下进行打印。

ABS 材料适合制作使用于高温环境下、坚固的物品，如刀柄、车用手机架、手机保护壳、玩具等。

2. PLA 打印材料

PLA 材料为生物分解性塑料，它的来源可以是玉米、甜菜、小麦、甘薯等淀粉或糖分等可再生物质，也可以是麦秆、米秆、甘蔗渣等木质纤维素的农业废弃物。如图 5-5 所示 PLA 打印材料。

图 5-5　PLA 打印材料

PLA 材料可以在土壤中降解，而且打印时气味柔和、不刺激。这种材料的打印温度为 180～210℃。打印 PLA 材料时可以不采用加热平台，但为了打印之后模型能够容易取下，可以适当加热打印平台。

PLA 的玻璃转化温度（60℃左右）是这种材料最大的缺点。PLA 材料不适合制造环境温度超过 60℃以上的模型，超过玻璃化温度会让材料变形。如果用于打印车子内饰，则在阳光直射之下 PLA 打印的内饰会软化。

PLA 材料的打印性能与 ABS 相反，PLA 熔化后容易附着和延展，经常会堵塞挤出部分（特别是全金属的挤出头）。有些 3D 打印爱好者会滴一滴油到挤出头上，这样在打印时非常滑顺很少堵塞，可以长时间打印。

PLA 材料几乎不会收缩，在打印尺寸大的模型时，不必担心成品从打印平台悬空、歪斜或破损，非常适合在公共场合做 3D 打印展示。

PLA 能打印出强度相当高的物体，但是比其他塑料稍微脆弱一点，在掉落或撞到东西时，容易产生缺口或破损，不能用来制造工具的手把或会多次掉落的零件。薄的地方只要稍微弯曲就会折断，因此不适合做成薄的东西。

PLA 为生物分解性材料，因此既能回收，也会受热分解消失，且具有耐水性，适合制作盒子、礼物、模型和原型的零件。

3. HIPS 打印材料

HIPS 打印材料是近年来作为一种 ABS 材料的替代品而出现的。HIPS 综合性能非常好，有极好的尺寸稳定性和韧性、成型加工和机械加工较好，收缩率极低，打印大型零件模型不会翘边、开裂，打印效果光滑细腻，在双喷头打印使用中，也可以作为 ABS、PLA、PA 等打印耗材的支撑材料，可溶于柠檬烯溶液中。

4. PLA 和 ABS 的鉴别

除了上面提到的一些强度、玻璃化温度和气味等特性上的区别外，从后期整理角度上来说，ABS 打印完成的模型可以很容易进行打磨及抛光处理，而 PLA 的 3D 模型如果打磨不当，则会更加粗糙。

这两种材料从外观上不容易鉴别，但将 PLA 打印材料折弯，发现 PLA 线材较脆，很容易用手折断，在折断的截面上有类似油脂一样的反光，用打火机烧一小段，发现无黑烟，气味柔和，而 ABS 线材则有韧性，需要用剪刀剪断，截面密实，用打火机进行燃烧，会冒出大量刺鼻的黑烟。在市面上，ABS 的打印材料和 PLA 打印材料的价格相差不是太大，因此在有条件的情况下，建议使用 PLA 环保材料进行打印。

5. PLA 和 ABS 的选购和保存

首先要确认使用的打印机适用的材料直径，一般以 1.75mm 或 3mm 孔径的材料居多。

1）材料质量：一般情况下，尽量选购质量过关的新料，不要选择价格过低的材料，因为有可能是回收的二次料，很容易造成打印机喷头堵塞，造成损失。

2）外观：从外观上进行观察可以发现，质量较差的耗材表面弯曲不直，有拉伤拉痕（白痕）暗痕、气泡、灰尘等。尽量不选用 PVC 缠绕的打印耗材，因为缠绕久了或者稍微一加温，容易和耗材混在一起，粘得很紧，严重影响使用。

仔细观察包装，大部分打印耗材采用真空包装，如果真空包装已经鼓起，则说明包装不严密已经漏气，会发生材料吸收空气中水分回潮的现象，影响使用。

3）材料流动性：新材料要求流动性好，但也要适中，如果流动性过好，则容易在打印时垂丝，造成成型产品有缺陷；如果流动性太差，则流不出丝或者断丝。只有材料流动性适中，层与层之间吻合度高，打印的层面才会漂亮。

选购之前可以让材料厂家邮寄一些同批次的样品，了解清楚该批次材料的打印温度、打印平台温度等参数，进行尝试打印，从而发挥 3D 打印机和材料的最优特性，保证打印模型的质量。

4）已经打开包装的打印材料如果长时间不使用，尽量密封保存，用自封袋排出空气，并加入干燥剂防止回潮。好的材料可以暴露在空气中近 3 个月，时间过长则会导致材料发脆，打印时容易断裂。

6. 其他 FDM 打印机适用的打印材料

FDM 桌面级 3D 打印机除了能打印常见的 ABS 材料、PLA 材料、HIPS 材料外，在材料厂家的大力研发下，向市场上推出了柔性弹性橡胶材料、仿木质（竹子）、仿金属、仿玻璃等材料，为打印材料的大家庭增加了更多成员，让 3D 打印爱好者也有更多的选择，3D 打印模型更能满足市场需要的各种特性。图 5-6 所示为竹质打印材料。

图 5-6　竹质打印材料

5.1.5　多材料混合打印将成为趋势

多材料的混合3D打印方式能够创造一个本身具有不同属性的产品而无须组装，其目的是通过减少制造产品的步骤来提高效率。与单一材料3D打印相比，它可以一次制造拥有多种功能或物理属性的产品，而不需要再把各种部件组装起来。

例如，Stratasys J750 3D 打印机增加了更多功能，赋予用户更丰富的色彩及材料选择，从刚性到柔性，从不透明到透明，应有尽有。通过使用这种 3D 打印机，用户在打印某一件原型时，可以在其同一部位使用大量不同的色彩和材料，从而在成品上体现不同的材料属性，这不仅缩短了打印时间，还能满足几乎任何应用需求的模型、原型及部件的制作要求，包括加工工具、模具、夹具与卡具等。

多材料混合 3D 打印技术加快了拥有日益复杂部件的产品推向市场的速度，并可以精确计算所需的原材料数量，减少了生产浪费。在柔性机器人、轻质结构和灵活电子设备等领域，多材料混合 3D 打印技术正在掀起一场前所未有的革命。

美国研发出的主动混合多材料3D打印机为全3D打印可穿戴设备和电子设备铺平了道路。该打印机可以主动整合不同的材质和属性，包括柔性和刚性材料以及导电和非导电油墨等，并且首次在 3D 打印的普通集体材料上打印嵌入式导体、电线和电池等。这项技术为柔性机器人和可穿戴电子设备的发展带来了新的可能性。

以色列的 Object 是掌握最多打印材料的公司。它已经可以使用 14 种基本材料并在此基础上混搭出 107 种材料，两种材料的混搭使用、上色技术已经成熟，但这些材料种类与人们生活的大千世界里的材料相比，还相差甚远。图 5-7

所示为多种材料打印出的模型。

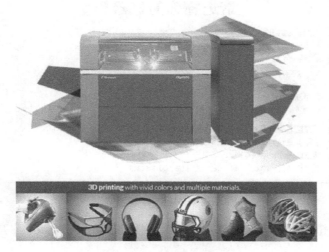

图 5-7　多种材料打印出的模型

5.2　3D 打印机软件设置

通过建模软件、网上下载等方式获取合格的三维数据文件之后，这些数据格式的文件要经过 3D 打印机的上位机软件（也叫转码软件、切片软件或切层软件）进行转换切层，经过设置转换后生成 G-Code 文件（G 代码），可以指导打印机一层层地进行打印，将模型层层堆积打印出来。因此，切片软件的设置至关重要。切片软件有很多种，如 Slic3r、MakerWare、Repeteir-host、Simplify3D、Pronterface、Skeinforge 等，有些 3D 打印机厂家开发了自己的切片软件，有很多跟 Cura（Ultimaker 公司设计）功能和界面类似的软件，使用方便、简洁，具备模型的打印层高、速度、填充密度、支撑等细节设定，还有模型打印位置摆放、旋转、尺寸调整等功能。Cura 是非常有代表性的切片软件，具有切片速度快、稳定，对三维模型文件包容性强，设置参数少等优点，Cura 软件的下载地址为 https:// ultimaker.com。

5.2.1　通用切片软件 Cura 参数设置详解

1. **不同 3D 打印机的初始设定**

1）安装 Cura 软件后，单击 Cura 图标 ，进入首次安装向导，进行机器选择，选中"其他"单选按钮，如图 5-8 所示。

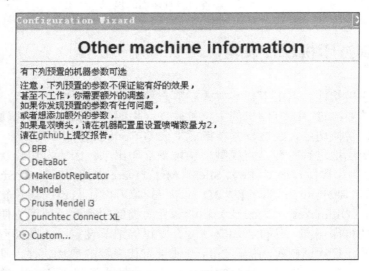

图 5-8　Cura 软件开始界面

2）如果想要自己设定更多的项目，则可以选中"Custom"单选按钮，如图 5-9 所示。

图 5-9　设定自己的机器类型

3）对于不同的 3D 打印机，均可以根据实际情况在初始设定环节来设定打印机的打印范围尺寸、改变喷嘴大小、是否使用热床等选项。有些机器的打印初始中心是有差异的，方形机器的打印初始中心位于机器的左前方，不要选中该选项。如果是 ROSTOCK 三角洲的打印机，则选中"0，0，0 为初始打印中心"复选框，这样可以保证打印头的起始点在打印平台的中间，如图 5-10 所示。

4）机器设置可以在初始设定环节完成。如果打印尺寸变化或者增添打印机，则可以在软件的机器设置菜单里进行设定，单击"文件"→"机器设置"命令，如图 5-11 和图 5-12 所示。

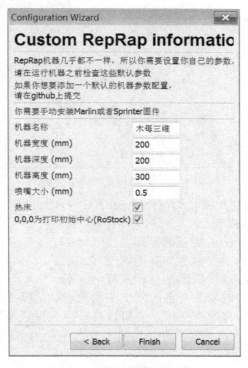

图 5-10　设定机器初始位置

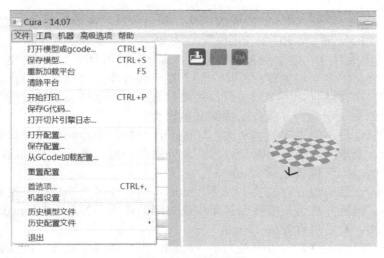

图 5-11　机器设置

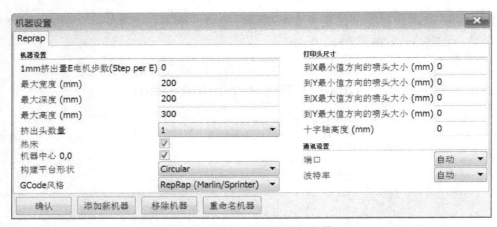

图 5-12　机器设置的详细参数

① 1mm 挤出量 E 单击步数（Step per E）：打印机挤出 1mm 材料所需要的电机步数。一般默认即可。

② 最大宽度（mm）：机器的打印宽度（mm）。

③ 最大深度（mm）：机器的打印深度（mm）。

④ 最大高度（mm）：机器的打印高度（mm）。

⑤ 挤出头数量：机器所配备的挤出头的数量。单喷头或双喷头。

⑥ 热床：如果机器配有热床，则可以打开热床设置（需要重启）。

⑦ 机器中心 0，0：机器固件规定打印平台中心为 0，0，而不是位于打印平台的左前角。

⑧ 构建平台形状：机器构建平台的形状。Circular 为圆形的平台，Square 为方形的平台。

⑨ GCode 风格：GCode 生成的风格。根据所选厂家的机器固件进行选择，一般选择"Reprap（marlin/sprinter）"。

⑩ 打印头尺寸：这个设置和模型的"逐一排队打印"有关。"逐一排队打印"将平台上的多个模型逐一打印，而不是一起打印，这样可以防止有的模型打印失败。在排队打印多个模型时，用此设置来判断某些模型是否适合排队打印，因为如果设置不当，就会刮擦到其他模型。

⑪ 到 X 最小值方向的喷头大小（mm）：当打印多个物体时，设置的打印头的大小。测量方法为从喷嘴到打印头最外端的距离，如果是 Ultimaker 机型，风扇在左侧，则可以设置成 75mm。

⑫ 到 Y 最小值方向的喷头大小（mm）：当打印多个物体时，设置的打印头的大小。测量方法为从喷嘴到打印头最外端的距离。如果是 Ultimaker 机型，风扇在左侧，则可以设置成 18mm。

⑬ 到 X 最大值方向的喷头大小（mm）：当打印多个物体时，设置的打印头的大小。测量方法为从喷嘴到打印头最外端的距离，如果是 Ultimaker 机型，

风扇在左侧，则可以设置成 18mm。

⑭ 到 Y 最大值方向的喷头大小（mm）：当打印多个物体时，设置的打印头的大小。测量方法为从喷嘴到打印头最外端的距离，如果是 Ultimaker 机型，风扇在左侧，则可以设置成 35mm。

⑮ 十字轴高度（mm）：用来悬挂打印头的十字轴的高度。如果打印物体高于这个高度，就无法将多个物体一起打印。

5）通讯设置。

端口：用来连接打印机的串口端口。

波特率：串口和端口所使用的速率，需要和使用的固件匹配，一般为 250000、115200、57600。Cura 软件可以自动识别合适的端口和正确的波特率。

2. Cura 软件的基本界面

完成不同机器的设置之后，进入 Cura 软件界面，单击"高级选项"→"切换到快速打印模式"命令，进行最简单的设置。如果进行更复杂的设置，就需要单击"切换到完整模式"命令，如图 5-13 所示。

图 5-13　选择切换模式

切换到完整模式后，单击"基本"选项卡，如图 5-14 所示。"基本"选项卡中各个选项的设定，对打印模型的最终效果影响最大，也是不同操作人员打印出的模型存在差别的根本原因。

（1）质量

1）层高（mm）：这是决定打印质量的最重要参数。一般使用 0.2，兼顾打印质量和打印速度。高精度建议使用 0.1，高速打印低精度建议使用 0.3。

2）外壳厚度（mm）：横向外壁的厚度。一般设置为喷嘴直径的倍数，表示外壁的打印圈数。一般 0.4mm 的喷嘴，设置为 0.8mm 的壁厚，设置为 1.2mm 的壁厚则更为结实。

3）开启回抽（mm）：当打印头移动到非打印区域时回抽一部分耗材，防止拉丝，详细设置可以在高级设置里找到。

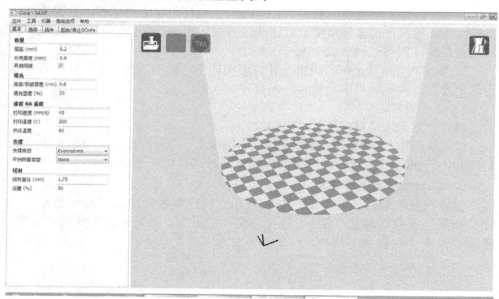

图 5-14 "基本"选项卡

（2）填充

1）底部/顶部厚度（mm）：用来设置顶层和底层的厚度，也就是顶部和底部实心填充层的打印。所以最好这个厚度是层厚的倍数，同时尽量和外壁厚度保持一致，使得物体更坚固。

2）填充密度（%）：用来控制内部填充的密度。一般设置为 20% 已经足够结实，0% 表示空心，不建议使用 100%。这个设置不会影响物体外壁的打印，只会影响物体的坚固度。

（3）速度、温度

1）打印速度（mm/s）：打印时，喷头吐丝的速度。一个调校很好的机器可以达到 150mm/s。如果想确保打印质量，则使用较低的打印速度，一般采用 40～60mm/s。如果想提高 20～30mm/s，则需要将打印机温度提高 10℃，也可以自己多次验证达到最佳效果。

2）打印温度（℃）：打印喷头的温度。PLA 材料一般使用 210℃，ABS 材料需要 230℃，甚至更高。温度过高会导致挤出的材料有气泡和拉丝现象，温度过低则出料不顺利，容易堵头。

3）热床温度（℃）：打印时热床的温度。PLA 材料一般使用 45℃，ABS 材料一般使用 65℃。加热工作台可以使模型粘的更牢，还可以防止 ABS 翘边。

（4）支撑

支撑是指模型的支撑，就像搭建房屋，在悬空的地方需要支撑的结构。Cura

会自动计算打印模型需要支撑的地方。计算原理是若模型表面的斜度（与竖直方向的夹角）大于某一角度时（通常是 60°，一般和材料有关），就需要加支撑。

1）支撑类型：用户来选择添加支撑的类型。

① None：不使用支撑。

② Touching buildplate：用于创建与平台接触的支撑结构。

③ Everywhere：打印物体内部也使用支撑结构。

2）平台附着类型：不同的平台附着选项来防止打印物体翘边。

① None：不使用任何附着方式，直接在平台上打印模型，适用于底部平台较大的模型。

② Brim：会在打印物体周边底层增加一个底层，防止模型翘边，便于打印后剥离，推荐使用。

③ Raft：增加一个很厚的底层，同时会增加一个很薄的上层。注意，打开"Brim"或"Raft"，会关闭"Skirt"。

（5）线材

1）线材直径（mm）：耗材的直径，需要厂家的准确数值。一般有 1.75mm 和 3mm 两种。

2）流量（%）：流量补偿，指微调出丝量，最终的材料挤出速度会乘上这个百分比。

3. Cura 软件的高级界面

Cura 软件的"高级"选项卡，如图 5-15 所示。

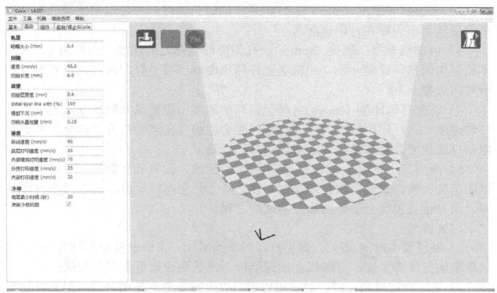

图 5-15　"高级"选项卡

（1）机器

喷嘴大小（mm）：输入机器实际喷嘴的大小，用来计算填充和壁厚。

（2）回抽

回抽的主要功能是为了防止喷头中过多融熔耗材，减少拉丝现象。

1）速度（mm/s）：回抽的速度，较高的速度工作起来更好，不过速度太高可能会导致卡料。

2）回抽长度（mm）：回抽的数量，0 表示不使用回抽，一般输入 2mm 会有比较好的效果。

（3）质量

1）初始层厚度（mm）：底层的第一层厚度，设置更厚的厚度可以使底层粘的更牢。如果设置和其他层一样的厚度，则设置成 0.0。

2）Initial layer line with（%）：第一层打印的挤出量。稍大的挤出量可以让模型更牢固地粘在工作台上。输入 100 表示使用全局挤出量。

3）模型下沉（mm）：让打印模型下沉一定程度。一般用于那些底面不平，和平台接触面较小的物体。

4）双喷头叠加量（mm）：双喷头交替打印时叠加的量，会使两种颜色混合（单喷头可忽略）。

（4）速度

1）移动速度（mm/s）：非打印时的移动速度。有些机器可以达到 250mm/s，但是某些机器会失步。

2）底层打印速度（mm/s）：打印第一层时的速度。一般选用比较低的速度来保证模型牢固贴在打印底面。

3）内部填充打印速度（mm/s）：打印内部填充时的速度。设置为 0，和基本设置中的打印速度一致。加快填充打印速度可以减少打印时间，但有时会影响打印效果。

4）外壳打印速度（mm/s）：外壳打印的速度，设置成 0 则和基本设置中的打印速度一致。用比较低的速度打印外壳会使得打印质量提升，但是在外壳和内部打印速度数值相差过大时会影响打印质量。

5）内部打印速度（mm/s）：打印内部的速度，设置成 0 则和基本设置中的打印速度一致。加快内部打印速度，使之快于外壳打印速度，可以减少打印时间，最好是设置其介于外壳和打印速度之间。

（5）冷却

1）每层最少时间（秒）：每层打印的最少时间，来确保每层都被完全冷却。如果某层打印得太快，打印机会把速度降下来达到设定值来保证每层的冷却。

2）使用冷却风扇：打印时使用风扇。如果想要更高速的打印，则必须使用冷却风扇。

4. Cura 软件的专家设置

Cura 软件的"专家设置"对话框，如图 5-16 所示。

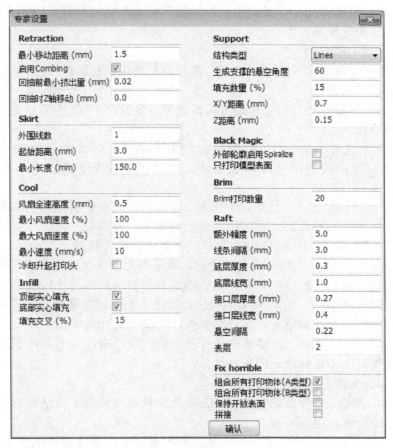

图 5-16　"专家设置"对话框

（1）Retraction（回抽）

1）最小移动距离（mm）：回抽使用的最小移动间隔，用来防止在很小的范围内不停地使用回抽。

2）启用 Combing：防止喷头非打印移动时导致打印漏洞的产生。如果不启用 Combing，则喷头非打印移动时一般会回抽。

3）回抽前最小挤出量（mm）：一般使用在回抽需要反复发生时，此设定可以避免频繁回抽导致的耗材摩擦变细。

4）回抽时 Z 轴移动（mm）：当回抽时打印头会升起一定高度。

（2）Skirt（环绕）

1）外围线数：Skirt 是在模型外的线，用来显示模型周长是否符合打印平台的大小。输入数值 0，关闭此功能。当使用"Brim"和"Raft"时，这个设置无效。使用多条外围线可以使很小的物体更容易分辨。

2）起始距离（mm）：最内层的外围线和模型底部轮廓第一层的最小距离，外围线以此向外扩展。

（3）Cool（冷却）

1）风扇全速高度（mm）：风扇全速开启的高度。在某个高度，风扇全开，固定默认值不用更改。

2）最小风扇速度（%）和最大风扇速度（%）：为了调整风扇速度来配合打印层的冷却。

3）最小速度（mm/s）：打印机喷头为了冷却而降低的速度的下限，这个最小送料速率用来阻止打印头漏液，即使机器速度下降，也不会低于这个速度。

4）冷却升起打印头：选中该复选框，如果打印时间没有达到层的最小打印时间，则打印头会移动到旁边等待，然后继续进行打印。

（4）Infill（填充）：对模型的顶部和底部进行特殊处理。

1）顶部实心填充：打印结实的顶部。如果不选中该复选框，则顶部将不进行实心填充，以设置的比例填充。实心填充对于打印花瓶等比较有用。

2）底部实心填充：打印坚实的底部。如果不选中该复选框，则不进行实心填充，会根据填充比例填充。实心填充打印建筑类时比较有用。

3）填充交叉（%）：内部填充和外表面的交叉程度，填充和外表面重叠有助于提升外表面和内部填充的紧密性。

（5）Support（支撑）

1）结构类型：支撑的结构类型。Grid 是比较结实的格子状结构填充，Lines 是平行直线填充，强度不高。

2）生成支撑的悬空角度：在模型上判断需要生成支撑的最小角度，0°为水平，90°为垂直。

3）填充数量（%）：支撑材料的支撑数量，较少的材料可以让支撑比较容易剥离，15%是比较适合的值。

4）X/Y 距离（mm）：支撑材料在水平方向的距离，防止模型和支撑粘在一起。0.7mm 是个比较合适的支撑距离，这样支撑和打印物体不会粘在一起。

5）Z 距离（mm）：支撑材料在竖直方向的距离。距离比较大可以让支撑容易去掉，但是会导致打印效果变差，0.15mm 是个比较好的设置。

（6）Black Magic（魔幻效果）

1）外部轮廓启用 Spiralize：Spiralize 是在 Z 方向使模型打印更加平滑，以螺旋上升的线条打印模型外表面。

2）只打印模型表面：只打印模型单面侧面，不打印底面和顶面。

（7）Brim（边缘）

Brim 打印数量：Brim 边缘的打印数量。数值越大，越能使打印物体更容易粘在平台上，但同时会缩小可用的打印区域。

（8）Raft（底垫、底座）

1）额外幅度（mm）：额外的底座区域，增大这个数字可以使底座更结实，但会缩小打印区域。

2）线条间隔（mm）：打印底座时，线条之间的距离，控制底座的疏密程度。

3）底层厚度（mm）：底座最底层的厚度。

4）底层线宽（mm）：底层线条的宽度。

5）接口层厚度（mm）：底座上层的厚度。

6）接口层线宽（mm）：底座接口层线条的宽度。

7）悬空间隔：底座和表面的间隔，在使用 PLA 材料时，0.2mm 的间隔更容易剥离底座。

8）表层：在底座上打印表层的数量，这些层是完全填充的。

（9）Fix horrible

1）组合所有打印物体（A 类型）：选中该复选框会将所有的打印物体组合在一起，也就是对所有物体在每一层上进行"布尔并集运算"，会尽量保持模型的内孔不变，B 类型会忽略所有的内部孔，只保持外部形状。

2）组合所有打印物体（B 类型）：B 类型会忽略所有的内部孔，只保持外部形状。

3）保持开放表面：选中该复选框会保持所有的开放表面不动（正常情况下 Cura 会尝试填补所有的洞）。

4）拼接：在切片时尝试恢复那些开放的面，变成闭合的多边形。这个算法非常消耗资源，甚至使处理时间大大增加，而且不能保证效果。

5．插件

Cura 集成了两种插件对 G-Code 进行修改，分别是在指定高度停止和在指定高度调整。

在指定高度停止：会让打印在某个高度停止，让喷头移动到指定位置，并回抽一定耗材。

在指定高度调整：会让打印在某个高度调整参数，如速度、流量倍率、温度、风扇速率。

6．起始停止 G-Code

使用 Cura 软件在开始和结尾形成固定的 G-Code，即开始 G-Code（Start G-Code）和结束 G-Code（End G-Code），可以对这些 G 代码进行修改，如图 5-17 所示。

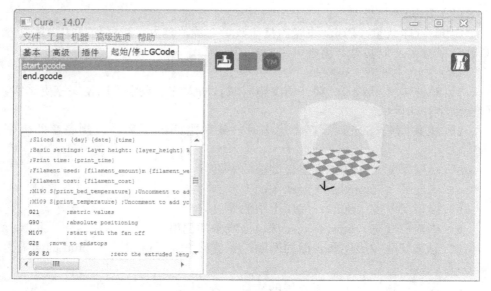

图 5-17　开始和结束 G-Code

5.2.2　切片软件 Cura 模型调整窗口详解

Cura 软件的视图区主要用来查看模型、摆放模型、管理模型、预览切片后的路径、查看切片结果。

1. Cura 软件模型摆放

单击工具栏中的"载入（load）"按钮，或者单击"文件"→"打开模型"命令，也可以按<Ctrl+L>组合键，或者用鼠标直接将模型 STL 文件拖入显示窗口区域。在"Load"按钮旁边可以看到一个进度条在前进，当进度条达到 100%时，就会显示出打印时间、所用打印材料长度和克数，如图 5-18 所示。

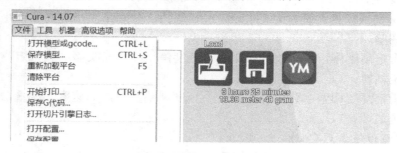

图 5-18　载入模型方法

载入建模软件中的实例：手机支架文件，如图 5-19 所示。Cura 可以对该模型进行一些变换，如平移、旋转、缩放、镜像。首先在模型表面单击鼠标，当模型变成亮黄色时，就表示选中了该模型。按住鼠标右键拖曳，可以实现观察视点的旋转。使用鼠标滚轮，可以实现观察视点的缩放。这些动作都不改变模型本身，只是观察角度的变化。

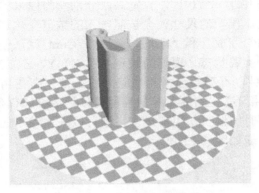

图 5-19　载入手机架模型

1）平移：视图区中的棋盘格就是打印平台区域，模型可以在该区域内任意摆放。按住鼠标左键拖曳模型可以改变模型的位置。

2）旋转：选中了模型之后，会发现视图左下角出现 3 个功能，左边的是旋转功能，中间的是缩放功能，右边的是镜像功能。单击旋转（Rotate）功能，发现模型表面出现 3 个圆圈，颜色分别是红色、绿色、蓝色，分别表示 X 轴、Y 轴和 Z 轴。把鼠标放在一个颜色环上，按住拖曳即可使模型绕相应的轴旋转一定的角度。需要注意的是，Cura 只允许用户以 15 的倍数旋转角度。如果返回未更改的状态，则单击旋转功能上面的"重置（Reset）"按钮即可。单击"放平（Lay flat）"按钮，则会自动将模型旋转到底部比较平的角度。旋转功能如图 5-20 所示。

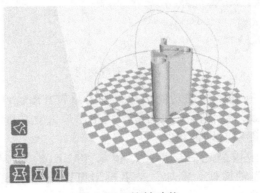

图 5-20　旋转功能

3）缩放：选中模型之后，单击"缩放（Scale）"按钮，发现模型表面出现了 3 个方块，分别表示 X 轴、Y 轴和 Z 轴。单击并拖曳一个方块可以将模型缩放一定的倍数。也可以在"缩放"文本框内输入缩放倍数，即"Scale"右边的方框。也可以在尺寸输入框内输入准确的尺寸，即"Size"右边的方框。例如，在"Scale"文本框中输入"0.1"，长宽高就分别变为原来的 1/10，在"Size"文本框中输入数值，模型的尺寸就会按照输入的数值变化。

缩放分为"均匀缩放"和"非均匀缩放"，Cura 默认使用均匀缩放，即缩放菜单中的锁处于上锁状态，模型的长宽高在 X、Y、Z 方向上一起发生变化。使用"非均匀缩放"，不需要选择此功能，长、宽、高在相应的方向上自由变化，改变数值后互相不发生影响。缩放功能可以缩放打印任何比例大小的模型。如果大的模型打印时间过长，用料过多，则可以采用缩小的办法来减少打印时间和用料。缩放功能如图 5-21 所示。

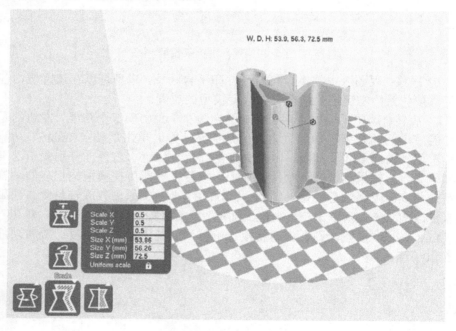

图 5-21　缩放功能

缩放（Scale）按钮上面的功能按钮分别为重置（Reset）和最大化功能（To Max）。重置（Reset）会使模型回到最初状态，最大化功能（To Max）将模型缩放到 3D 打印机能够打印的最大尺寸。

4）镜像：选中模型之后，单击"镜像（Mirror）"按钮，就可以将模型沿 X 轴、Y 轴或 Z 轴镜像。例如，左手模型可以通过镜像得到右手模型。镜像功能如图 5-22 所示。

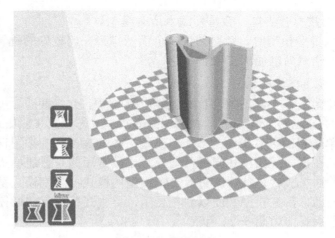

图 5-22　镜像功能

5）右键菜单：将模型放在平台中心，选中模型之后，单击鼠标右键，则会弹出右键菜单，如图 5-23 所示。

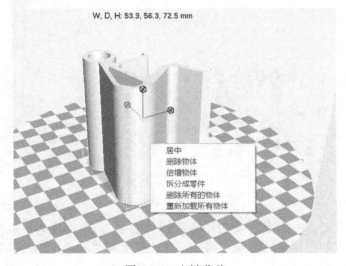

图 5-23　右键菜单

① 居中：将模型放到平台中心。

② 删除物体：可以通过右键菜单删除，也可以选中模型之后按<Delete>键删除。

③ 倍增物体：克隆模型，将模型复制几份。

④ 拆分零件：会将模型分解为很多小的部件。

⑤ 删除所有的物体：会删除载入的所有模型。

⑥ 重新加载所有物体：会重新载入所有模型。

Cura 载入多个模型时，会自动将多个模型排列在比较好的位置。不同模型之间会存在一些距离以便于打印。

2. Cura 模型观察功能

Cura 软件允许用户从不同模式去观察载入的模型，包括普通模式（Normal）、悬空模式（Overhang）、透明模式（Transparent）、X 光模式（X-Ray）和层模式（Layers）。单击视图区右上角的"视图模式（View Mode）"按钮调出视图选择菜单，就可以在不同视图模式间进行切换。比较常用的是普通模式、悬空模式和层模式。普通模式就是默认的查看 3D 模型的模式；悬空模式是显示模型需要支撑结构的地方，在模型表面以红色显示；层模式模拟打印时模型的不同分层情况，非常直观，如图 5-24 所示。

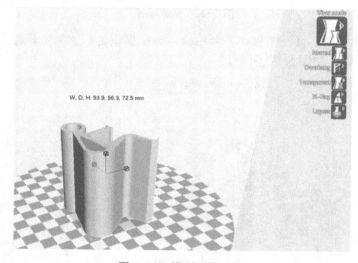

图 5-24　模型观察功能

设定完以后，Cura 软件会自动完成切片生成 G-Code 文件。单击 load 旁边的像磁盘一样的图标，选择保存路径，或选择文件菜单栏里的"保存 G 代码"，将 G-Code 进行保存。用户尽量不要直接连接计算机进行打印，最方便的方式是将 G-Code 文件复制到 SD 卡中，插入打印机的 SD 卡槽进行脱机打印。

5.3　3D 打印机的操作流程

5.3.1　3D 打印机平台校正

3D 打印机第一次使用、长期未使用或者设备被搬动后都需要调整打印平台。调整平台可以使平台保持水平并控制平台与打印喷头的间距，确保打印模型的第一层能完美地粘贴在打印平台上。

X、Y、Z 平台结构的 FDM 3D 打印机的调节螺钉在打印平台的下面，调节时，用一张名片或者 A4 纸来测试打印平台的四个角落和打印喷头之间的距离，以稍微有些阻碍又能够抽出为宜。还可以尝试打印一个薄片，看打印的第一层是否均匀、4 个边的厚度是否一致。平台调节螺钉如图 5-25 所示。

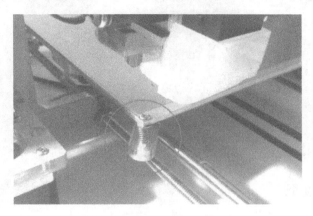

图 5-25　平台调节螺钉 1

有部分三角洲 3D 打印机的调节方法与上面的方法相似，利用调节打印平台周围的 3 个螺钉来调节平台和打印喷头之间的距离，如图 5-26 所示。

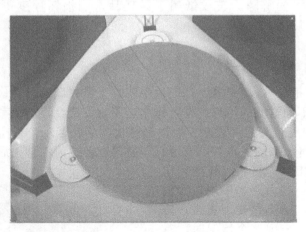

图 5-26　平台调节螺钉 2

还有的三角洲 3D 打印机采取调节 3 个悬臂上的限位开关上的螺钉来调节平台和打印喷头的距离。本书中的打印机采取另外一种自调平的结构。利用内六角扳手调节螺钉的高度，打印喷头上面平台的红外开关继而感知自调平螺钉的位置，来确定打印喷头和加热底板的距离，如图 5-27 所示。

图 5-27　自调平螺钉

5.3.2　铺美纹纸

3D 打印机用美纹纸和耐高温胶带等粘性材料作为简单易用的粘结材料。铺平美纹纸的方法类似手机贴膜，均匀拉出超出一定长度的美纹纸，慢慢从平台一边铺到另一边，使其充分与平台粘合，两块美纹纸之间不要重叠，不要有大的缝隙。美纹纸属于易耗品，当损坏程度影响打印时应立即更换。

5.3.3　退料、进料和更换打印材料

1）退料（退丝）：如果 3D 打印机中留有上次打印的材料，则需要首先预热机器，根据不同材质的熔点数据可作相应调整，选择移动轴菜单中的"移动E"选项，反向旋转旋钮，用来控制挤出机构的齿轮运动，打印材料将被退出挤出头。观察挤出头的进料管，发现打印材料已经被齿轮移出后，按动旋钮停止，手动来抽出打印材料。拔出打印材料只需要很小的力，如果用较大的力都拔不出来，请不要暴力去拔，防止损坏齿轮。当出现这个情况时，重新进行挤丝流程，直到喷嘴出丝后，再重新退丝，这样，打印材料成功退出，如图 5-28 和图 5-29 所示。

图 5-28　移动轴菜单

图 5-29 退丝

2）进料（进丝）：是退料的相反过程，也要经过预热机器，喷头温度已经达到打印材料的融化温度后，再等 1min 进行之后的操作，否则容易造成喷嘴的堵塞。

先用剪钳或者剪刀将丝剪成 45°斜口（如图 5-30 所示，一般退出来的丝的前面一段是有压痕的，再给喷头进丝，请将有压痕的一段剪掉），将打印材料插入远程送丝机构的导料孔，通过导料管送到打印头的位置，因此尽量选择透明的导料管，这样便于观察。

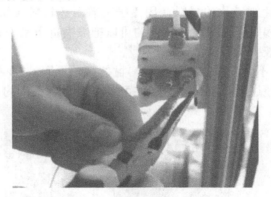

图 5-30 将丝剪成 45°斜口

选择移动轴菜单中的"移动 E"选项，正向旋转旋钮，打印材料将被挤出。若发现材料从挤出头（打印头）均匀挤出一定长度时，则表示进料成功。对于挤出机和打印头一体的机器，当操作者将机器预热后，将打印材料插入挤出机的导料孔，选择移动轴菜单，旋转调节旋钮，感觉到打印材料被夹住，而且往挤出机内部拉动时，便可松开打印丝料，如图 5-31 所示。

图 5-31　进丝

　　注意，要保证此期间喷嘴与打印平台之间至少保持 50mm 以上的距离，否则可能会导致喷嘴阻塞。若退丝或者挤丝过程中发现异常，在菜单中设置的移动长度又比较大，则迅速用左手托住打印平台，用右手关闭电源开关。

　　3）更换打印材料：如果在打印的过程中更换打印材料，则需要按一下调节旋钮，在液晶显示屏上会出现暂停的字样，确认之后，打印机暂停工作。可以进行耗材的更换工作，之后恢复打印即可。很多 3D 打印机玩家用这种技巧打印几种颜色的模型，避免了模型颜色的单一性。

　　4）清洁喷头：3D 打印机经过多次打印之后，喷嘴会容易覆盖一层氧化的打印材料，有时会熔化造成模型表面的污染，所以打印前需要清洁。清洁方法是预热喷嘴，熔化被氧化的材料，用镊子夹着耐热材料（如纯棉布或软纸），擦拭喷嘴出丝孔和附近部位。有条件的可以把喷嘴拆下来进行超声波清洗，或者浸泡到丙酮溶液中进行清洗。

　　5）料盘架：不同厂家的打印材料料盘的直径不同。3D 打印玩家可以自己打印进料架，方便进料。料架模型文件可以在第 2 章提供的 3D 打印模型下载网站中获取。DIY 料架如图 5-32 所示。

图 5-32　DIY 料架

5.3.4 3D 打印实例流程——手机支架

1）利用 UG 建模软件建立手机支架模型文件，并导出为*.stl 格式的数据文件（以拼音或数字命名，防止 3D 打印机不识别汉字开头的文字，如 sjtj.stl），如图 5-33 所示。

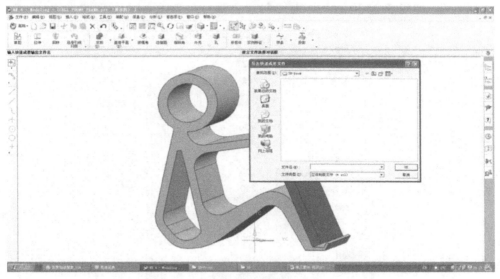

图 5-33 导出数据文件

2）将 sjtj.stl 数据文件导入 Cura 切片软件进行 G 代码的转换。

3）在切片软件右边的调整窗口，将手机支架模拟放置在打印平面上。如果采取立着的方式打印，则必须对手机支架建立支撑，如图 5-34 的箭头所示。采用旋转的功能，将手机支架旋转 90°。如图 5-34 左图所示，手机支架平躺放置在打印平面上，既避免了支撑，又节省了打印时间和打印材料。

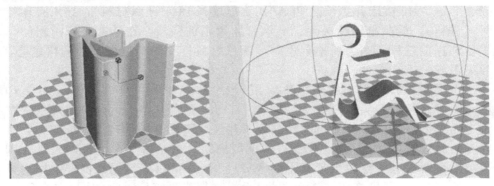

图 5-34 平躺和竖立两种打印方法对比

4）在切片软件左边的参数设置中，将"层高"设置为"0.2mm"，"外壳厚度"设置为"0.6"，选中"开启回抽"复选框，将"外壳厚度"和"底部/顶部厚度"都设置为 0.6，为保证手机支架的强度和硬度，"填充密度"可以根据实际打印经验选择 30%～50%。将"打印速度"设置为"100"即可，将"打印温度"设置为"210"，根据打印模型平放打印的特性，支撑的两个选项都选择"None"，如图 5-35 所示。

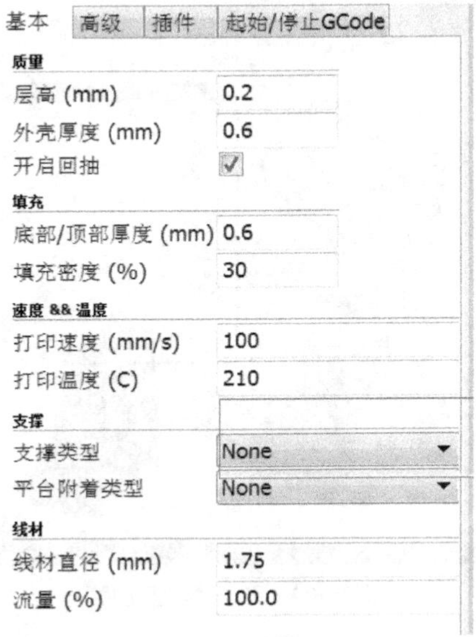

基本	高级	插件	起始/停止GCode

质量

层高 (mm)	0.2
外壳厚度 (mm)	0.6
开启回抽	☑

填充

底部/顶部厚度 (mm)	0.6
填充密度 (%)	30

速度 && 温度

打印速度 (mm/s)	100
打印温度 (C)	210

支撑

支撑类型	None
平台附着类型	None

线材

线材直径 (mm)	1.75
流量 (%)	100.0

图 5-35　手机支架打印参数基本设置

5）参数设置完毕后，在切片软件中导出 G 代码（G-Code），将 sjtj.GCode 复制到 SD 卡中，将 SD 卡插入 3D 打印机，打印机会显示"SD 卡已插入"字样。

6）对 3D 打印机进行调平和粘贴美纹纸的工作，调节旋钮，在菜单中选择"准备"，继续选择"预热 PLA"（这里选择 PLA 环保材料），导入打印材料（进料）。清除打印喷头上上一次打印留下的残料，在选择打印材料时，尽量选择白色料，因为后期上色时，深色材料打印的模型很难被颜料遮盖，效果不好。

7）用 3D 打印机上的旋钮选择 SD 卡中的 G 代码文件并确认，3D 打印机打印平台和打印头都开始进行加热，打印平台和打印头达到在切片软件中设定的温度后，打印机开始进行打印（有些打印机要进行自调平的工作，有些打印机没有这个过程），观察打印模型的第一层是否平整、打印头是否顺利挤出材料。有些打印机带有无线 WiFi 功能，可以实现无人值守，用手机远程控制 3D 打印机打印完毕后关机。手机支架模型打印过程如图 5-36 所示。

图 5-36　手机支架模型打印过程

8）打印机结束打印，等待打印机打印头回到零位，等待模型稍微冷却后，用铲子或刀片沿着模型底边慢慢铲动，取下手机支架模型。在这个过程中要特别小心，防止损伤模型。手机支架模型打印后的效果如图 5-37 所示效果。

图 5-37　手机支架模型打印后的效果

第 **6** 章　3D 打印模型后期处理

6.1　手办和 3D 打印模型

3D 打印模型可以广泛应用于艺术品制作、工业模型制作、玩具制作、建筑模型制作、电影道具制作等方面。3D 打印在最短的时间内可以加工出和设计一致的实物模型，因此可以为传统的手办制作和工业模型制作提供新方法和技术补充。

6.1.1　手办的知识

在过去制造业不十分发达时，产品设计出来以后需要制作小样，因为绝大多数的样品都是手工制作出来的，所以也被称为手办、手板或手版，这也是手办的核心意义，直到现在手办的意义还是偏重于手工制作加工。也有很多人把手办叫作首办、首板或者首版（各地区说法不同）。首板意指首个样板，首版意指第一个版本，没有大量生产的模型套件。

真正意义上的手办都是表现原型师个性的 Garage Kit（GK），是指没有大量生产的原型师设计的未涂装模型套件。由于最开始时，手办都是业余爱好者自己制作的，因为在市场上找不到自己想要的模型，他们就开始自己制作。这些业余爱好者最早把车库作为工作坊制作手办，所以才有 Garage Kit 这个说法。随着这个市场不断扩大，专业公司也开始制作手办套装，业余爱好者制作的就叫 Garage Kit，而专业公司制作的就叫 Resin Kit（树脂套装）。

经过宅文化的传播演变，手办的叫法被滥用，这个词已经成了包括 PVC、黏土等各种材质的动漫人形玩偶的总称。人形也常被称为 Figure，是指现代的收藏人物模型，也可能指汽车、建筑物、视频、植物、昆虫、古生物或空想事物的模型。手办模型如图 6-1 所示。

图 6-1　手办模型

6.1.2　3D 打印模型

相对手办来说，3D 打印模型是一个新产品的延升，既延续了手办的个性化定制、手工打磨涂装上色的手工制作核心，又可以通过 3D 打印机实现主体的制作成型，省去了传统手办中的手工成型过程。传统手办制作和 3D 打印模型相似，量产不是其主要方向，但 3D 打印可以通过数据文件的远程传输，用互联网连接全球任何一个 3D 打印云工厂，实现同一个模型的批量和异地打印。

更重要的是，3D 打印模型在工业生产方面有很大优势。工业模型主要的制作方法有 CNC 加工、3D 打印快速成型和硅胶模小批量生产。3D 打印快速成型广泛应用于工业新产品设计研发阶段、设计师进行产品外观确认和功能测试等，从而完善设计方案，达到降低开发成本、缩短开发周期、迅速获得客户认可的目的。

6.2　3D 打印模型初步整理

6.2.1　取下模型

3D 打印模型在打印完成之后，一定要等待几分钟至冷却后才能从打印平台取下，防止模型的变形。在打印模型冷却之后，用铲刀沿着模型的底部四周轻轻撬动，不要只沿着一个方向用力，防止对模型造成损坏。对于模型底部粘结过于牢固的情况，可以再对已经冷却的加热平台升温到 45~60℃，用铲刀稍稍用力撬动，模型就可以取下，如图 6-2 所示。

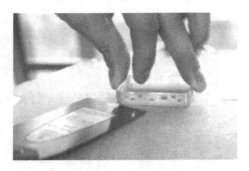

图 6-2　用铲刀取下模型

注意，不同 3D 打印机的打印平台固定模型方式不尽相同，大部分采用胶水、胶带类。也有的 3D 打印机平台采取多孔板，打印模型底层和多孔板固定较牢固，需要先将多孔板取下，用美工刀片或铲子将模型与多孔板的接触部分切断，这样才能将模型取下。如果模型与美纹纸粘结过于紧密，那么可以将美纹纸连着整个模型揭起来，然后从美纹纸的下面撬动，模型取下后再将美纹纸去除会更容易一些。

6.2.2　支撑去除

模型打印完成后，往往会发现模型上有毛刺和拉丝等问题，用打火机轻轻燎过模型表面，速度要块，停留时间要短，拉丝和毛刺就很容易去除掉。某些模型需要将支撑去除，去除支撑材料时大部分采用剪刀、剪钳（刃口由高强度金属制成且成斜口，也称为斜口钳）等工具。大面积支撑可以采用手工直接掰除的方法，注意不要用力过猛，容易损坏模型。小面积支撑的去除工作则需要借助工具来进行，注意用剪钳时，刃口一面与模型接触，会切断或撕拉支撑材料，残余的支撑部分可以用后面的打磨修正。打印模型支撑去除如图 6-3 所示。

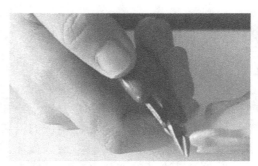

图 6-3　打印模型支撑去除

6.2.3　模型修复

模型在从 3D 打印机上取下时，由于很多原因可能会造成模型的缺损，如支撑去除时，不小心造成模型主体的损伤，用力过猛造成模型表面的划伤，这时就需要对模型进行一些修复。通常的修复手段有补土、拼合粘结、打印笔修复。

1. 补土

补土就是类似补腻子的方法，主要有以下 3 种方法。

1）采用塑胶（牙膏）补土。它的原理是挥发溶剂，然后硬化，所以用完后会收缩。最简便的方式是戴手套均匀手涂，也可以粘在毛笔、刮刀或牙签上，抹在零件表面不完美的地方，对于缝隙较深的还要压实补土，防止出现缝隙空心的情况。使用时涂抹适量，过量会造成上面和底面硬化速度不一样，建议干燥 24h 后进行整形修正。干燥后用刀去除溢出的补土多余的部分，用锉和砂纸打磨平整。图 6-4 所示为补土。

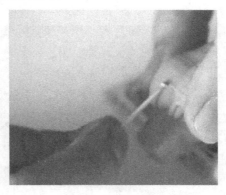

图 6-4　补土

水补土是在塑胶补土中加入大量溶剂稀释（一般都是模型用硝基溶剂），起到统一底色、增强附着力和修补砂纸打磨产生的细小伤痕的作用。水补土可以用管状的补土自行稀释，也有喷罐水补土。例如，型号 500 的修补力强，可以掩盖 400 号砂纸的刮痕，比较粗糙；型号 1000 的修补力中等，可以掩盖 800 号砂纸的刮痕，比较光滑；型号 1200 的修补能力弱，1000 号砂纸打磨后喷上水补土非常光滑。

2）AB 补土。AB 补土的全名是环氧树脂补土，是利用两种物质反应硬化的原理，不会产生气泡，不会收缩，并且可以雕刻造型，是改造模型常用的补土，也有人用来填充空隙。与 PS 塑胶、金属、木头能粘合的 AB 补土都有，粘合力也有强弱之分。注意，补土完毕后要放在密封的地方，不能让 A 树脂与 B

树脂接触，防止暴露在空气中变质。

3）保丽补土。保丽补土与 AB 补土相似，但硬化剂是液体。保丽补土结合了塑胶补土的高粘合力、AB 补土的硬度与能造型的优点。唯一缺点是会有气泡产生，完全硬化后会变得很硬，难以切削，在半硬化时就要进行塑形的工作。

模型爱好者一般选择田宫补土和郡仕补土，田宫补土较为细腻，容易上手，但有干燥后收缩大的缺点，建议初学者使用；郡仕补土为胶状，干燥后硬度大且收缩小，不太适合初学者。

2. 拼合粘结

如果将模型的两个部分分别打印，则可以进行拼合粘结工作。由于从每个打印机打印的尺寸不同，因此往往导致一个模型分开成几个模型来打印。现有的连接方式有胶粘、结构连接、卡扣连接等方法，根据不同模型来选择不同的连接方法。本书中打印实例手机壳，将手机壳设计为上、下两部分并依次打印，之后可以用上、下结构拼在一起。本书中 VIP 牌分成两块打印，然后粘结在一起，如图 6-5 所示。

图 6-5　胶水拼结

取下模型时不小心使模型细小的部分发生断裂，或者在去除紧密支撑时模型主体破裂，都可以用粘结进行修复。

胶水粘结所采用的胶水可用市面上常见的 502 快干胶和 AB 胶，优点是干得快、牢固性高、价格便宜。用牙签取适量胶水，均匀涂抹在需要粘结的模型内部，稍微干燥下用力将两部分挤压在一起，如果胶水溢出，则迅速用刀刮除，防止为下一步工作增加负担。建议先将打印模型的两个部分分别打磨上色，然后再进行粘结，这种方法比粘结后上色要方便些。

3. 3D 打印笔修复

3D 打印笔修复是最近兴起的一种技术。利用 3D 打印笔和 FDM 类型 3D

打印机相同的热熔原理，将打印模型相同的打印材料修补到打印模型上面。如果打印的模型用的是 PLA 材料，那么打印笔修补用的材料也必须用 PLA 材料，而且颜色要相同。3D 打印笔修复如图 6-6 所示。

图 6-6　3D 打印笔修复

6.3　3D 打印模型表面修整

FDM 3D 打印机打印出的模型的表面有一层层的纹路。对这种技术打印出的模型进行上色后期处理前，需要消除模型表面纹路。

6.3.1　打磨抛光

无论是 3D 打印模型，还是传统的手工模型，打磨抛光是非常重要的步骤。3D 打印爱好者在充分体会打磨的过程与打磨效果后，对模型材质有了一定的了解，在上色的环节会方便很多。

1. 锉刀粗打磨

3D 打印模型的粗略打磨可以用锉刀来消除纹路。锉刀可以分为钻石粉锉刀（表面上附有廉价的钻石粉）和螺纹锉刀。建议购买有各种形状锉刀的套装，如图 6-7 所示。锉刀的清理用废旧牙刷沿着锉刀纹路刷几下即可。

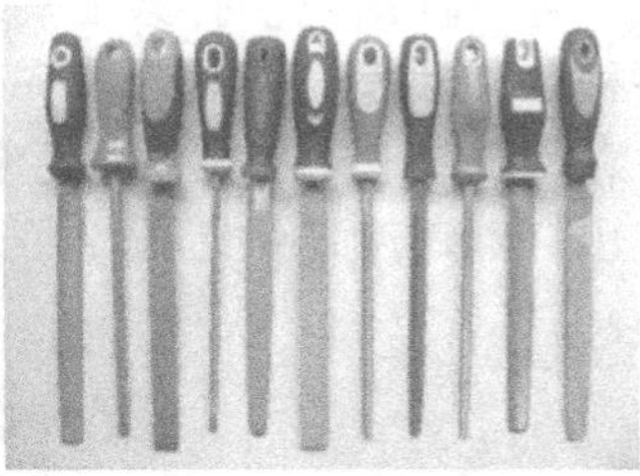

图 6-7　锉刀套装

2. 砂纸打磨

在经过锉刀的粗打磨后，就要使用砂纸进行细加工。砂纸打磨是一种廉价且行之有效的方法，优点是价格便宜，可以自己随意处理，但是缺点也比较明显，精度难以掌握。用砂纸打磨消除纹路速度很快。如果零件对精度和耐用性有一定要求，则不要过度打磨。

砂纸分为各种号数（目数），号数越大就越细。前期砂纸打磨应采用 150～

600 目型号的砂纸（砂纸的目数越少，越粗糙）。各种型号的砂纸如图 6-8 所示。

为了方便使用，可将一大张砂纸裁剪成小张。如同锉刀的打磨一样，用砂纸打磨也要顺着弧度去磨，要按照一个方向打磨，避免毫无目的地画圈。水砂纸沾上一点水进行打磨时，粉末不会飞扬，而且磨出的表面会比没沾水打磨的表面平滑些。用一个能容下部件的容器装上一定的水，把部件浸放在水下，同时用砂纸打磨。这样不但打磨效果完美，而且还可以保持砂纸的寿命。在没有水的环境下，砂纸也可直接进行打磨。

一种实用的打磨方法是把砂纸折个边使用，折的大小完全视需要而定。因为折过的水砂纸强度会增加，而且形成一条锐利的打磨棱线，可用来打磨需要精确控制的转角处、接缝等地方。在整个打磨过程中，会多次用到这种处理方式。用折出水砂纸的大小来限制打磨范围，如图 6-9 所示。

图 6-8　各种型号的砂纸

图 6-9　砂纸折边打磨

3. 电动工具打磨抛光

可以使用电动打磨工具对 3D 打印模型进行后处理。电动工具打磨速度快，各种磨头和抛光工具较为齐全，对于处理某些精细结构，电动打磨比较方便。注意，使用电动工具时，要掌握打磨节奏和技巧，提前计算打磨的角度和深度，防止打磨速度过快造成不可逆的损伤。电动工具如图 6-10 所示。

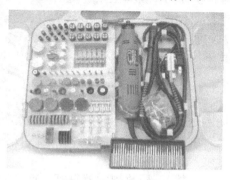
图 6-10　电动工具

6.3.2　珠光处理

工业上最常用的后处理工艺就是珠光处理。操作人员手持喷嘴朝着抛光对象高速喷射介质小珠从而达到抛光的效果、一般是经过精细研磨的热塑性颗粒。珠光处理的速度比较快，处理过后产品表面光滑，有均匀的哑光效果，可用于大多数 FDM 材料上。它可用于产品开发到制造的各个阶段，从原型设计到生产都能用。

因为珠光处理一般是在密闭的腔室里进行，所以处理的对象有尺寸限制，而且整个过程需要用手拿着喷嘴，一次只能处理一个，不能用于规模应用。

6.3.3　化学方法抛光

1. 化学溶液（抛光液）法

1）擦拭：用可溶解 PLA 或 ABS 的不同溶剂擦拭打磨。

2）搅拌：把模型放在装有溶剂的器皿里搅拌。

3）浸泡：有爱好者用一种亚克力粘结用的胶水（主要成分为氯仿）进行抛光，将模型放入盛溶剂的杯子或者其他器具浸泡一两分钟后，模型表面的纹路变得非常光滑。注意避光操作和防护，否则会产生毒性气体。

4）抛光机：图 6-11 所示为一款国内的抛光机，将模型放置在抛光机里面，用化学溶剂将模型浸泡特定的时间，表面会比较光滑，如用丙酮来抛光打印产品，但丙酮易燃，且很不环保。

图 6-11　抛光机和抛光的模型

2. 丙酮熏蒸法

除了用丙酮溶剂浸泡外，有 3D 打印机的爱好者，可将打印产品固定在一张铝箔上，用悬挂线吊起来放进盛有丙酮溶液的玻璃容器；将玻璃容器放到 3D 打印机加热台上，先将加热台调到 110℃来加热容器，使其中的丙酮变成蒸汽，容器温度升高后，再将加热台温度控制在 90℃左右，保持 5～10min，按实际抛光效果掌握时间。

没有 3D 打印机的爱好者，可将丙酮溶液放入蒸笼的下层，蒸笼的隔层上放上 ABS 材料的模型，将蒸笼加热进行土法熏蒸，可以起到模型表面抛光的效果。问题是时间不好掌握，而且丙酮蒸汽对人体有刺激性。图 6-12 所示为丙酮熏蒸。

图 6-12　丙酮熏蒸

采用化学溶液法和丙酮熏蒸的方法有一定危险性，非专业人士不要尝试。

6.4　3D 打印模型上色技巧

现有的 3D 打印技术，除了石膏粉末彩色着色和纸张 3D 打印机能打印全彩的产品模型外，一般的技术还只能打印单色的模型，所以为了突破 3D 打印机的限制，让模型颜色丰富多彩，需要在模型制作完毕和表面打磨抛光后，进行涂装上色的工序。了解模型上色制作过程和上色方式，结合打印材料的属性，进行多次实践，可以将模型变得生动和富有层次。3D 打印模型作为模型制作的一种方式，很多上色和后整理技巧都可以参照军事模型、动漫模型的处理方法。

6.4.1　涂装基础工具

涂装上色的基础工具一般有以下常用种类：笔、洗笔剂、涂料皿、颜料、稀释剂、滴管、喷笔、气泵、排风扇、不粘胶条、纸巾、棉签、细竹棒、转台等，如图 6-13 所示。

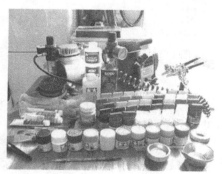

图 6-13　涂装上色工具

1. 笔

这里的笔和画笔一样，在各大美术用品商店均有出售（分为很多号数），建议购买动物毛制成的笔，这样的笔毛柔软有弹性；水粉画用笔也可以。笔使用完毕后可以用香蕉水（也叫天拿水，油漆店均有售）或洗笔剂进行清洗。

2. 涂料皿

涂料皿就是盛放涂料的工具，市面上有很多，建议购买郡仕的，也可以用家里盛调料的小碟子代替。

3. 颜料

（1）模型漆

模型漆是模型涂装的必要部分，3D 打印模型完全可以参考，品牌有田宫、郡仕、模王、天使、仙盈、兵人等，价格也不尽相同，如图 6-14 所示。市面上的模型漆可以分为以下几类。

图 6-14 模型漆

1）水性漆涂料：又称亚克力漆，因为是水溶性，所以毒性小，可以安心使用。一般模型可使用此系列漆，既适合笔涂，也适合喷笔。当笔涂和喷笔使用后，也可以用水清洗，当漆完全干燥后耐水。但是干燥速度比较慢，完全干燥至少要用 3 天，涂膜较薄弱，均匀性好。要注意的是，在未完全干燥时，不要用手摸，这种漆不太适合气候潮湿的地区使用，因为太过潮湿，不易干燥，手摸容易留下痕迹。

2）珐琅漆（油性漆）：干燥时间是模型涂料中最慢的，均匀性最好，要涂大面积时还是用此类漆比较好，而且油性漆色彩呈现度相当不错，用来涂细部更适合。油性漆的毒性较小，可以放心使用。珐琅漆的溶剂渗透性相当高，所以要避免溶剂太多而使溶剂侵入模型的可动部分，造成模型的脆化、劣化。

3）硝基漆（油性漆）：使用挥发性高的溶剂，所以干燥快、涂膜强，不过此种漆的毒性最强，尽量用环保颜料替代。

不建议使用油画漆，因为笔涂油画颜料的延展性不够，容易干裂，油画颜料和其稀释剂可能会劣化模型用的材质，导致其易断裂或者碎裂。

（2）自喷漆

自喷漆又叫手喷漆，是一种 DIY 的时尚。其特点是手摇自喷，方便环保，不含甲醛，速干，味道小，会很快消散，对人身体健康无害，可轻松遮盖住打印模型的底色。

（3）普通丙烯颜料

这种颜料可用水稀释，漆料固化前便于清洗；可调，颜色饱满、浓重、鲜润，无论怎样调和都不会有"脏""灰"的感觉；附着能力强，不易被清除。普通丙烯颜料的附着力不如模型漆。

4. 溶剂

根据漆质的不同，溶剂的选择也很重要，一般溶剂有田宫、郡仕、模王几个品牌。

5. 其他防护用品

口罩：有些油漆是有毒性的，口罩是最基本的防护用品（最好是防毒面具）。

手套：避免手上粘上涂料，污染模型表面。

6.4.2 上色方法

上色可采用自喷漆喷漆法、喷笔喷漆法、手工涂绘法等方法。上色时要注意漆料是否能附着在材料之上，根据不同的使用方法调整好漆的浓度，有序、均匀地进行喷涂。

1. 自喷漆喷漆法

一般用白色做底漆，使面漆喷在白色底面上，颜色更加纯正。使用喷漆之前，将自喷漆瓶内的喷漆摇晃均匀，在报纸上面试喷，然后对准欲喷漆的地方反复喷涂，按钮要从浅入深，有渐进的过程。一般距离物体 20cm 左右，速度是 30～60cm/s，速度一定要均匀，慢了会喷漆太多太浓，模型表面会产生留挂。为避免喷漆不匀，将打印的模型固定在转台上，方便旋转。没有转台，也可以用装水的饮料瓶来替代。图 6-15 所示为自制转台。

图 6-15　自制转台

2. 手工涂绘法

手工涂绘法是指使用笔直接上色。在涂装颜料的过程中，要选用大小适合的笔来进行涂装，笔可以直接购买常用的水粉笔即可。

（1）稀释

模型漆中加入稀释溶剂多少依据个人经验。在调色时，为了使颜料更流畅、涂装色彩均匀，可以使用吸管滴入一些同品牌的溶剂在涂料皿里进行稀释。普通丙烯颜料更加简便，可以用干净的水来稀释。

稀释时，根据涂料干燥情况配合不同量的稀释液。让笔尖自然充分地吸收颜料，并在调色皿的边缘刮去多余的颜料，调节笔刷上的含漆量，如图 6-16 所示。

（2）涂绘方法

手工涂漆时不能胡乱下笔，胡乱涂抹容易产生难看的笔刷痕迹，并且使油漆的厚度极不均匀，使整个模型表面看起来斑驳不平。平头笔刷在移动时应朝扁平的一面刷动。下笔时由左至右，保持手的稳定且以均匀的力道移动，笔刷和表面的角度约为 70°，轻轻地涂上，动作越轻笔痕会越不明显。只有保持画笔在湿润的状态进行，含漆量保持最佳湿度，才能有最均匀的笔迹。

（3）消除笔痕

涂料干燥时间的长短也是决定涂装效果好坏的因素之一。一般要等第一层还未完全干透的情况下再涂上第二层油漆，这样比较容易消除笔触痕迹。第二层的笔刷方向和第一层成为垂直直角，称为交叉涂法，以"＃"来回平涂两到三遍，使模型表面笔纹减淡，色彩均匀饱满。笔涂上色如图 6-17 所示。

图 6-16　颜料稀释

图 6-17　笔涂上色

如果能明显看出笔痕，则待其完全干燥后再用一次交叉涂法，可把不均匀的现象降低。如果水平、垂直各涂一次后，仍呈现出颜色不均匀的现象，则可以待其完全干燥后，用细砂纸轻轻打磨掉再涂色。

为了不使模型表面堆积太多、太厚的模型漆，尽量使用最少的油漆达到最佳的效果。涂漆常会遇到这种情形，涂了几层漆在上面，颜色看起来不均匀，这种情况跟涂了几层漆无关，而是因为有些颜色的遮盖力比较弱（如白、黄、红），底下的颜色容易反色，产生了底色的问题。为了避免这种情况，最好是先手喷漆或者手涂上一层浅色底色打底（浅灰色或白色），再涂上主色。

3. 喷笔喷漆法

（1）喷笔

喷笔是使用压缩空气将模型漆喷出的一种工具。利用喷笔来对打印模型上色可节省大量的时间，涂料也能均匀地涂在模型表面上，还能喷出漂亮的迷彩及旧化效果。一般使用的是双动喷笔，喷笔必须与气泵配用，因为喷笔必须有气压才可以将颜料喷出来，如图 6-18 所示。

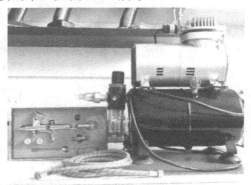

图 6-18 喷笔和提供压力的气泵

（2）试喷

通常要在喷涂模型前先进行试喷，这是操作喷笔时的重要步骤。不论使用的是任何品牌、任何种类（单、双动）的喷笔，均要用此步骤来测试喷笔的操作有无问题、油漆的浓度是否符合需求、喷出的效果是否满意等。在正式喷到模型上之前，如发现任何一项有状况，则应设法改进、解决，切勿贸然以模型来做尝试。可以利用报废的模型、硬纸板之类来进行测试。首先将油漆旋钮转至完全关紧，然后右手先按下扳机喷出压缩空气，再以左手慢慢地转动旋钮，这时会看到油漆随着转动的进行而喷出。油漆喷出后即可检视喷出的效果，视需要再进一步调整，如浓度和模型表面的喷漆距离等。

（3）遮罩（遮盖）

在已经大面积上色的模型表面的某些特定位置喷涂上色，或者不同的颜色分块，这时就需要采用遮罩的处理方式来进行不同色块的遮挡。比较常用的遮罩工具有专用不粘胶条（遮盖带）、留白液、透明指甲油等。通常，在需要遮罩的位置紧密覆盖遮罩，如粘上遮盖带，或者刷上留白液，之后进行上色，如图 6-19 所示。遮盖带的黏性不强，不会破坏已有的漆层，而且可以自由弯曲和切割。千万不要拿一般的胶带去代替，否则后果不堪设想。

使用遮盖带粘好特定形状，喷涂上色，待油漆干燥后慢慢地将胶带撕下，即可达到分色的效果。

（4）喷涂方法

使用者按下控制扳机的力度大小可决定出气量的强弱，而往后拉动的距离大小则控制油漆所喷出的量。可以先喷出圆点，从点到线，再到面，由浅入深，然后练习连续动作喷出线条。使用时要慢慢体会气压、距离、出漆量、按钮之间的关系，技术熟练之后就能喷出比较完美的线条，如图 6-20 所示。

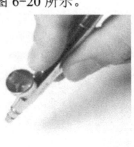

图 6-19　遮盖后的部件　　　　　　　　图 6-20　喷笔喷涂方法

在遇到复杂的结构喷涂时，要想准确地喷涂，通常的方法是手涂和喷涂相结合来达到完整上色的目的。方法不要一成不变，根据情况采用综合的涂装方法，以便于提高效率。

6.4.3　上色后的打磨和清理

1. 上色后的打磨

上色后，由于漆面和涂料的不同性价比，往往会造成产品漆面上有坑坑洼洼的状态，这时就需要用精细型号的砂纸（800～2500 目）进行细打磨。打磨过程中，要控制力度，不可大面积打磨，以防蹭掉漆面。

2. 上色后的清理

上色之后，由于模型放置在空气当中，会有一些小的颗粒与微尘附着在模型漆面之上，但是不会融入漆面之中，这时则需要使用软性的布料（如棉布、眼镜布）沾少量清水，在打印产品上轻柔地反复擦拭，直至表面光滑。

由 3D 打印模型后整理的过程可见，修整、补土、打磨、上色、再打磨这几个工序可以循环往复使用，使模型上色变得完美。

6.5　3D 打印模型建模、打印、上色后整理实例

1）通过 UG 软件建立手机外壳的三维模型，从软件中分别导出手机外

壳上、下两部分的三维数据文件，分别命名为 cellphone-1.stl 和 cellphone-2.stl，如图 6-21 所示。

图 6-21　手机外壳数据文件导出

2）获得手机外壳的三维数据文件后，将三维数据文件 cellphone-1.stl 载入或者拖动到切片软件中。

3）在切片软件的位置调整窗口，对手机外壳模型进行位置和大小尺寸的调整。

4）在切片软件的参数设置窗口，为了保证打印精度和质量，将打印层高设定为 0.1mm、外壳厚度设置为 1.2mm，并开启回抽功能。

5）将"外壳厚度"和"底部/顶部厚度"都设置为 1.2mm。

6）为保证手机外壳的强度和硬度，将"填充密度"设置为 50%。将"打印速度"设置为"100"，将"打印温度"设置为"210"，实际打印时根据出丝效果随时调整打印温度。

7）由于手机壳表面的曲度，无法将模型完全与打印平台贴合，因此可以在模型下面加上支撑，在"支撑类型"下拉列表中选择"Touching buildplate"，如图 6-22 所示。

8）将设置好参数的模型进行切片分层，保存为 cellphone-1.gcode 格式的 G 代码，如图 6-23 所示。将 cellphone-1.gcode 复制到 SD 卡中，用于下一步指导 3D 打印机的打印工作。

9）对 3D 打印机进行调平校正和美纹纸的更换工作，并更换好打印耗材的颜色。将 SD 卡插入 3D 打印机，打印机会显示"SD 卡已插入"字样。

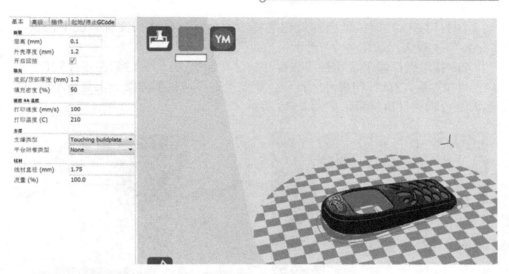

图 6-22　打印参数设置

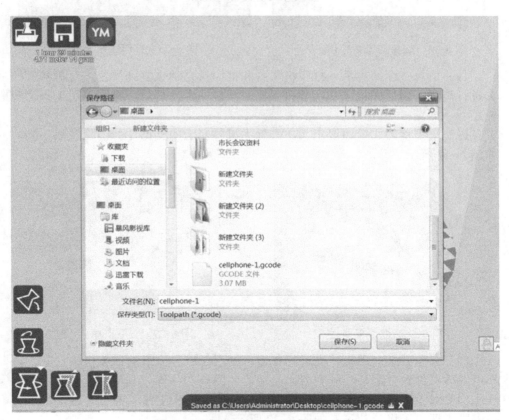

图 6-23　保存 G-code（G 代码）文件

10）用 3D 打印机上面的旋钮选择 SD 卡中的 G 代码文件 "cellphone-1.gcode" 并确认，如图 6-24 所示。

3D 打印机打印平台和打印头都开始进行加热，打印头达到在切片软件中设定的 210℃后，3D 打印机开始打印，需要观察打印模型的第一层是否平整，打印头是否顺利挤出材料，如图 6-25 所示。

图 6-24　选择打印文件并确认　　　　　图 6-25　打印底层

11）成功打印结束后，打印机平台和打印头自动恢复到原位，对机器打印头进行清理，然后关机冷却，等待手机壳模型完全冷却后，将模型用工具铲轻轻铲下，如图 6-26 所示。

12）采用剪刀、剪钳等工具，去除手机外壳上的支撑，并消除表面毛刺，如图 6-27 所示。

图 6-26　取下模型　　　　　图 6-27　去除支撑

13）采用砂纸对手机外壳进行打磨，先用 200 号以下的砂纸粗略打磨，再换用细砂纸细致打磨，让外壳表面光滑，如图 6-28 所示。

14）对手机外壳去除支撑时破损的部分进行补土工序。补土之后，将手机外壳置于通风干燥处晾干，如图 6-29 所示。

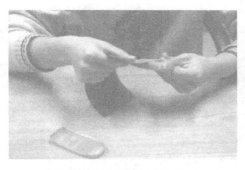

图 6-28 打磨手机外壳

图 6-29 补土工序

15）对补土干燥后的手机外壳进行上色。采用手喷漆在模型表面先喷底漆（有喷笔的可以使用喷笔），等待底漆稍微干燥后，再喷上两到三遍，直至完全遮盖底色，模型表面留挂漆面均匀，如图 6-30 所示。

16）将手机外壳置于通风少灰处进行晾干处理，用细砂纸小心打磨表面喷漆有瑕疵的地方，如果不满意可以再次补漆，也可以根据自己的需求再喷涂亮光漆和其他特殊效果漆，或者用手绘的方式在手机外壳上描绘图案。

经过上色流程之后，将上、下两部分手机外壳进行拼接，如图 6-31 所示。

图 6-30 对手机外壳进行上色

图 6-31 将上、下两部分手机外壳进行拼接

至此，手机外壳的建模、打印、上色后整理工序全部完成。

附　　录

附录 A　国内外部分 3D 打印模型下载链接

MAKEBOT　　　　　　　　　　http://www.thingiverse.com/

MYMINIFACTORY　　　　　　　http://www.myminifactory.com/

易 3D　　　　　　　　　　　　http://www.yi3d.com/plugin.php?id
　　　　　　　　　　　　　　　　=chs_waterfall:waterfall

打印虎　　　　　　　　　　　　http://www.dayinhu.com/

纳金网　　　　　　　　　　　　http://www.narkii.com/club/forum-
　　　　　　　　　　　　　　　　68-1.html

我爱 3D　　　　　　　　　　　http://www.woi3d.com/

打印啦　　　　　　　　　　　　http://www.dayin.la/

光神王市场　　　　　　　　　　http://www.fuiure.com/

晒悦　　　　　　　　　　　　　http://www.tt3d.cn/

微小网　　　　　　　　　　　　http://www.vx.com/

魔猴　　　　　　　　　　　　　http://www.mohou.com/index-pre_
　　　　　　　　　　　　　　　　index-curpage-3.html

3D 打印之家　　　　　　　　　http://www.3ddayinzhijia.com/
　　　　　　　　　　　　　　　　l-model.html

3D 风　　　　　　　　　　　　http://www.3dfe.com/index.php/
　　　　　　　　　　　　　　　　product/index

3D 打印模型网　　　　　　　　http://3dpmodel.cn/forum.php?gid=36

3D 动力网　　　　　　　　　　http://bbs.3ddl.net/forum-2075-1.html

3D 打印网　　　　　　　　　　http://bbs.3drrr.com/forum-53-1.html

3D 打印联盟　　　　　　　　　http://3dp.uggd.com/mold/

三多网　　　　　　　　　　　　http://3door.com/download/3dmo-
　　　　　　　　　　　　　　　　xing-xia-zai

南极熊	http://www.xiongwanyi.com/
天工社	http://maker8.com/forum-37-1.html
太平洋 3D 打印	http://www.3dtpy.com/download
橡皮泥 3D 打印	http://www.simpneed.com/
3Done	http://www.3done.cn/
蔚图网	http://www.bitmap3d.com/

附录 B 国内主要 3D 打印行业网站/论坛

3D 打印培训网	www.mdnb.cn
3D 打印信息网	http://www.3dpxx.com/
3D 打印网	http://www.3ddyw.org
3D 打印网	http://www.3drrr.com/
3D 打印网	http://www.3d-dayinw.com/
3D 打印机网	http://www.3done.cn
3D 打印联盟	http://3dp.uggd.com/
3D 打印行业网	http://www.1143d.com/
3D 打印商情网	http://3d.laserfair.com/
3D 打印产业化网	http://www.china3ttf.com
3D 打印实践论坛	http://www.03dp.com/
3D 打印改变世界	http://www.3dddp.com/
3D 小蚂蚁	http://www.3dxmy.com
3D 印坊	http://www.3dyf.com
3D 打啦	http://ida.la/
3D 社群	http://fans.solidworks.com.cn/portal.php
3D 虎	http://www.3dhoo.com/
中国 3D 打印网	http://www.3ddayin.net/
中国 3D 打印机网	http://www.china3dprint.com/
中国 3D 打印技术产业联盟	http://www.zhizaoye.net/3D
中国 3D 打印门户网	http://www.3djishu.com.cn/
南极熊 3D 打印网	http://www.nanjixiong.com/
太平洋 3D 打印网	http://www.3dtpy.com/
OF WEEK 3D 打印网	http://3dprint.ofweek.com/
凌云 3D 网	http://www.lingyun3d.com/
三维网	http://www.3dportal.cn/discuz/portal.php

三多网	http://3door.com/forum
三达网	http://www.3dpmall.cn/
三迪时空	http://www.3dfocus.com.cn/
天工社	http://maker8.com/
叁迪网	http://www.3drp.cn/
3D 丸	http://www.3done.cn/
嘀嗒印	http://www.didayin.com/
打印虎	http://www.dayinhu.com
开源 3D	http://www.3dprinter-diy.com/
纳金网	http://www.narkii.com/
微小网	http://www.vx.com/
魔猴网	http://www.mohou.com/
D 客学院	http://www.dkmall.com/college/
筑梦制造	http://www.mongcz.com/
创想智造	http://24maker.com/forum.php
云智小窝	http://bbs.3dreamwell.com/
蘑菇头社区	http://www.mogooto.com
虎嗅网	http://www.huxiu.com/tags/2281.html
我爱 3D	http://www.egouz.com/topics/6292.html
意造网	http://www.woyaosheji.com

附录 C　国内主要 3D 打印厂家

沈阳盖恩科技有限公司	http://www.3dgnkj.com/
优克多维（大连）科技有限公司	http://www.um3d.cn/
沈阳菲德莫尔科技有限公司	http://www.3dmini.net/
青岛金石塞岛有限公司	http://www.idream3d.com.cn/
青岛尤尼科技有限公司	http://www.anyprint.com/
北京汇天威科技有限公司	http://www.hori3d.com/
北京北方恒利科技发展有限公司	http://www.hlzz.com/
北京隆源自动成型系统有限公司	http://www.lyafs.com.cn/
北京威控睿博	http://www.ucrobotics.com/
北京太尔时代科技有限公司	http://www.tiertime.com/
北京恒尚科技有限公司	http://www.husun.com.cn/
北京清大致汇科技有限公司	http://www.ome3d.com/

深圳森工科技有限公司	http://www.soongon.com/
深圳市熔普三维科技有限公司	http://www.rp3d.com.cn/
深圳市克洛普斯科技有限公司	http://www.clopx.com/
深圳市维示泰克技术有限公司	http://www.weistek.net/
中科院广州电子技术有限公司	http://www.giet.ac.cn/index.asp
广州市网能产品设计有限公司	http://www.zbot.cc/
深圳武腾科技有限公司	http://www.mootooh3d.com/
广东奥基德信机电有限公司	http://www.oggi3d.com/
珠海创智科技有限公司	http://www.makerwit.com/
珠海西通电子有限公司	http://www.ctc4color.com/
深圳市极光尔沃科技有限公司	http://www.zgew3d.com/
广州捷和电子科技有限公司	http://www.qubea.com/
东莞亿维晟信息科技有限公司	http://www.evstech.com.cn/
广州文博	http://www.winbo-tech.com/cn
深圳光韵达光电科技股份有限公司	http://www.sunshine3dp.com/
盈普光电设备有限公司	http://www.trumpsystem.com/
福建海源三维打印高科技有限公司	http://www.haiyuan3d.com/
杭州捷诺飞生物科技	http://www.regenovo.com/
浙江迅实科技有限公司	http://www.xun-shi.com/
宁波华狮智能科技有限公司	http://www.robot4s.com/cn/index.php
杭州喜马拉雅集团科技有限公司	http://www.zj-himalaya.com/
瑞安市启迪科技有限公司	http://www.qd3dprinter.com/
浙江台州 3D 打印中心	http://www.taizhou3d.cn/
杭州杉帝科技有限公司	http://www.miracles3d.com/
宁波泰博科技有限公司	http://www.nbtbkj.com/
金华市易立创三维科技有限公司	http://www.ecubmaker.com/
杭州铭展网络科技有限公司	http://www.magicfirm.com/
宁波杰能光电	http://www.wise3dprintek.com/
温州浩维三维技术有限公司	http://www.haowei3d.com/
浙江闪铸三维科技有限公司	http://www.sz3dp.com/
杭州先临三维科技股份有限公司	http://www.shining3d.cn/
乐清市凯宁电气有限公司（创立德）	http://www.china3dprinter.cn/
金华万豪	http://wanhao3dprinter.com/
义乌筑真电子科技有限公司	http://www.real-maker.com/

米家信息技术有限公司	http://www.megadata3d.com/
上海甘琼贸易有限公司	http://www.lanyue3d.com/
盈创建筑科技（上海）有限公司	http://www.yhbm.com/
上海福斐科技发展有限公司	http://www.techforever.com/
上海富奇凡机电科技有限公司	http://www.fochif.com/
上海复志信息技术有限公司	http://www.shfusiontech.com/
上海铸悦电子科技有限公司	http://www.3djoy.cn/
上海悦瑞三维科技股份有限公司	http://www.ureal.cn/
上海联泰科技有限公司	http://www.union-tek.com/
3D 部落(上海)股份科技有限公司	http://www.3dpro.com.cn
智垒电子科技(上海)有限公司	http://www.zl-rp.com.cn/
迈济智能科技（上海）有限公司	http://www.imagine3d.asia/
安徽西锐三维打印科技有限公司	http://www.11467.com/shanghai/co/1138262.htm
武汉巧意科技有限公司	http://www.qiaoyi3d.com/
武汉迪万科技有限公司	http://www.whdiwan.com/
武汉滨湖机电技术产业有限公司	http://www.binhurp.com/
湖南华曙高科技有限责任公司	http://www.farsoon.com/
岳阳巅峰电子科技有限责任公司	http://www.df3dp.com/
河南速维	http://www.creatbot.com/
河南良益	http://www.zzliangyi.com/
郑州乐彩	http://www.locor3d.com/
河南仕必得电子科技有限公司	https://shop110315112.taobao.com
合肥沃工电器自动化有限公司	http://www.hfwego.com/
三纬（苏州）立体	http://www.xyzprinting.cn/
成都引领叁维科技有限公司	http://www.yl3v.com/
西安非凡士	http://www.elite-robot.com/
陕西恒通智能机器有限公司	http://www.china-rpm.com/
中瑞科技	http://www.zero-tek.com/cn/index.html
磐纹科技	http://www.panowin.com/
南京宝岩自动化有限公司	http://www.by3dp.cn/
迈睿科技	http://www.myriwell.com
台湾研能科技股份有限公司	http://www.microjet.com.tw/
台湾普立得科技有限公司	http://www.3dprinting.com.tw/

附录 D 3D 打印模型故障排除和 3D 打印机维护

1. 3D 打印模型过程中的故障排除

（1）打印不成型，无法粘结底板

1）需手动调平打印机，减小与打印平台的距离。调节打印平台上的 4 个螺钉，直到喷头和底板的距离为插入一个名片的高度。

2）自动调平的机器：很多三角洲的机器上面自带调平装置，一般用来调节自调平控制螺钉的松紧，控制与打印平台的距离。

3）如果底板过于光滑，可以铺美纹纸，用其他胶带或者手工白胶等增大与底板的粘结效果。

（2）喷头不出丝

1）检查材料是否发生缠绕或者料盘卡住，重新缠绕耗材。

2）查看喷头温度是否达到打印温度，如果没有达到材料合适的温度，会造成出丝不顺，解决方法为升高打印头的温度。

3）如果听到喷头进丝后发出咔哒咔哒的声音，则把料丝退出，检查一下电动机齿轮里面是否有断丝，清理后再重新进丝。

4）检查喷头间距是否过小，重新进行平台校准。

5）利用打印机的 E 轴齿轮推送功能向前推送一小段，观察喷头是否有残料挤出，如果没有，则用钻头疏通或者更换喷头。

6）检查进丝齿轮是否打滑，用刷子清理齿轮被碎屑填满的齿，将打印耗材头部剪断。

7）检查耗材的质量。

（3）机器硬件部分

1）通电后电源灯不亮：需要检查电路板和电源是否接触良好。

2）液晶显示屏显示温度跳动：需要检查加热棒与加热电阻的引线是否接触不良。

3）液晶显示屏花屏：不要执行任何操作，让打印机继续打印。打印结束后，请关机，再开机，这样就会恢复正常。如果还会产生相同的现象，则说明静电已经烧毁屏幕，需要更换液晶屏，以后应避免操作时手指带来的静电。

4）打印模型错位，原因如下：

① 打印速度过快，适当降低 X、Y 电动机的速度。

② 电动机的电流过大，导致电动机温度过高；电动机线或开关线信号受到干扰，建议打印几个不同模型，不行更换新线。

③ 传动带过松或太紧。

④ 电流过小也会出现电动机丢步现象。

（4）打印机在打印过程中打印中断

1）检查电源线，使用万用表测量是否出现了接触不良的情况。

2）判断是否电源出现功率或者温度过载的情况，若出现此种情况，则可以更换大功率电源。

3）模型错误也会造成打印中断的现象，更新或者更换切片软件，或者重新对模型切片。

（5）打印机无法读取 SD 卡中的文件

1）检查文件的格式、命名方法，或者重新切片。

2）检查文件是否存在损坏的情况。

3）SD 卡损坏也会造成无法读取的情况，此时应更换 SD 卡。

2. 3D 打印机维护升级

1）定期检查润滑油的消耗情况，3D 打印机缺少润滑油会对打印机造成很大程度的磨损，影响打印精度。

2）每次使用打印机之前都需要检查限位开关的位置。查看在搬动过程中限位开关的位置是否发生了变化，或者使用过程中出现了松动。

3）定期检查打印机框架螺钉的紧固情况，查看是否有松动现象。

4）每次使用检查热床板和加热挤出头温度探头的位置，检查是否出现了温度探头不能测量加热床或者挤出头温度的情况。

5）定期检查传动带的松紧情况。

6）定期清理打印挤出头外面附着的打印材料。

7）打印一段时间如果出现打印头经常堵头，则可以更换新的打印挤出头。

8）如果打印机在运动过程中出现精度明显下降的情况下，则可以更换打印机轴运动的轴承。

9）平台维护：用不掉毛的绒布加上外用酒精或者一些丙酮指甲油清洗剂将平台表面擦干净。

参 考 文 献

[1] 中国服装网. 3D 打印时尚服装: 科技与艺术的完美结合[EB/OL]. [2015-09-09]. http://news. efu.com.cn/newsview-1130132-1.html.

[2] 中国服装人才网. 3D 打印入侵时装界衣服或"一扫即成"[EB/OL]. [2013-03-12]. http://news. cfw.cn/v55288-1.htm.

[3] 网易财经. 李超人千亿撤资投生物技术用 3D 打印制造牛肉[EB/OL]. [2014-07-06]. http:// money.163.com/14/0706/09/A0F7QTVL00253G87.html.

[4] 解放网-新闻晨报. 全球首批3D 打印房亮相上海24 小时打印 10 间房[EB/OL]. [2014-04-11]. http://news.sohu.com/20140411/n398072954.shtml.

[5] 全影网. 用 60 台单反拍摄 3D 立体人像模型[EB/OL]. [2013-08-17]. http://www.7192.com/ 2013/0817/59929.shtml.

[6] 李涤尘, 赵万华, 卢秉恒. 快速成型技术发展方向探讨[J]. 制造技术与机床, 2000 (03).

[7] 王德花, 马筱舒. 需求引领创新驱动——3D 打印发展现状及政策建议[EB/OL]. 中国科技产业, 2014, 8[2015-3-1]. http://www.doc88.com/p-1867561967504.html.

[8] 刘利刚. 3D 建模与处理软件简介[EB/OL]. 中国科技大学, [2014-02-08]. http://staff.ustc. edu.cn/~lgliu/Resources/CG/3Dmodeling.htm.

[9] 中国 3D 打印网. 3D 打印材料详解[EB/OL]. [2013-12-28]. http://www.3ddayin.net/ 3ddayincailiao/qitacailiao/4932.html.

[10] 蒋雷. 解读动漫模型的艺术——手办[J]. 大众文艺. 2010 (23): 39-40.